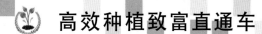

高效种植致富直通车

图说 **苹果病虫害**

诊断与防治

主编　孙瑞红　　孙丽娜
参编　张坤鹏　　宫庆涛　　武海斌
　　　范　昆　　蒋洪滨

机械工业出版社

本书重点介绍了苹果主要病害、苹果主要虫害的为害症状、形态特征、发生规律和综合防治技术，另外还简要介绍了果园常见天敌、常用无公害新农药等内容。书中每种病害与虫害及防治技术都配有多幅彩色图片，便于读者识别与区分病害不同发病部位、不同发病时期的症状特点及害虫的不同虫态，语言通俗易懂，防治技术先进，实用性强。

本书可供广大苹果种植专业户、基层技术人员、植保工作者使用，也可供农资经销商和农林院校相关专业师生学习参考。

图书在版编目（CIP）数据

图说苹果病虫害诊断与防治/孙瑞红，孙丽娜主编. —北京：机械工业出版社，2015.7（2018.11 重印）

（高效种植致富直通车）

ISBN 978-7-111-50436-8

Ⅰ. ①图… Ⅱ. ①孙…②孙… Ⅲ. ①苹果 – 病虫害防治 – 图集 Ⅳ. ①S436. 611-64

中国版本图书馆 CIP 数据核字（2015）第 120383 号

机械工业出版社（北京市百万庄大街22 号　邮政编码100037）
总 策 划：李俊玲 张敬柱　　策划编辑：高 伟 郎 峰
责任编辑：高 伟 郎 峰 石 婕 责任校对：薛 娜
责任印制：李 洋
北京新华印刷有限公司印刷
2018 年 11 月第 1 版第 3 次印刷
140mm×203mm · 4.5 印张 · 118 千字
6001—9000 册
标准书号：ISBN 978-7-111-50436-8
定价：25.00 元

凡购本书，如有缺页、倒页、脱页，由本社发行部调换
电话服务　　　　　　　　　　　网络服务
服务咨询热线：010-88361066　　机工官网：www. cmpbook. com
读者购书热线：010-68326294　　机工官博：weibo. com/cmp1952
　　　　　　　010-88379203　　金书网：www. golden-book. com
封面无防伪标均为盗版　　　　教育服务网：www. cmpedu. com

序

　　园艺产业包括蔬菜、果树、花卉和茶等，经多年发展，园艺产业已经成为我国很多地区的农业支柱产业，形成了具有地方特色的果蔬优势产区，园艺种植的发展为农民增收致富和"三农"问题的解决做出了重要贡献。园艺产业基本属于高投入、高产出、技术含量相对较高的产业，农民在实际生产中经常在新品种引进和选择、设施建设、栽培和管理、病虫害防治及产品市场发展趋势预测等诸多方面存在困惑。要实现园艺生产的高产高效，并尽可能地减少农药、化肥施用量以保障产品食用安全和生产环境的健康离不开科技的支撑。

　　根据目前农村果蔬产业的生产现状和实际需求，机械工业出版社坚持高起点、高质量、高标准的原则，组织全国 20 多家农业科研院所中理论和实践经验丰富的教师、科研人员及一线技术人员编写了"高效种植致富直通车"丛书。该丛书以蔬菜、果树的高效种植为基本点，全面介绍了主要果蔬的高效栽培技术、棚室果蔬高效栽培技术和病虫害诊断与防治技术、果树整形修剪技术、农村经济作物栽培技术等，基本涵盖了主要的果蔬作物类型，内容全面，突出实用性，可操作性、指导性强。

　　整套图书力避大段晦涩文字的说教，编写形式新颖，采取图、表、文结合的方式，穿插重点、难点、窍门或提示等小栏目。此外，为提高技术的可借鉴性，书中配有果蔬优势产区种植能手的实例介绍，以便于种植者之间的交流和学习。

　　丛书针对性强，适合农村种植业者、农业技术人员和院校相关专业师生阅读参考。希望本套丛书能为农村果蔬产业科技进步和产业发展做出贡献，同时也恳请读者对书中的不当和错误之处提出宝贵意见，以便补正。

中国农业大学农学与生物技术学院

前　言

　　苹果是世界四大水果之一，在我国已有 140 多年的栽培历史。由于苹果产量高、风味好、耐储运，近 30 年来我国苹果产业发展迅速，目前我国已成为世界苹果栽培第一大国，栽培面积和产量均居首位，并远销国外。

　　由于苹果属多年生植物，果园生态环境相对稳定，有利于众多生物的栖居和繁衍，其中，那些寄生于苹果树上，影响苹果生长发育、开花结果、果实产量和品质的微生物和昆虫被称为病虫害。据调查，为害苹果的病虫有几百种，但主要能产生危害的仅有几十种。为了保证苹果正常生长和结果，提高其果实产量和品质，就必须控制这些主要病虫的发生与危害。识别病虫种类，掌握其发生规律和影响因素，才能做到及时控制病虫；选用合理有效的方法和药剂，才能做到高效、安全、低残留防治。

　　本书以服务广大苹果种植专业户和基层技术人员为出发点，在编写内容上力求根据生产实际需要，采用通俗易懂的语言进行叙述，便于读者掌握和实施。书中将目前我国苹果栽培上发生的主要病害、虫害和生理性病害的症状、形态特征、发生规律、影响因素、综合防治技术进行了详述，对苹果园主要天敌和常用的无公害新药剂进行了简述，并配有多幅彩色图片，便于读者识别和判断；对需要特别注意的地方，在文中专门设置了提示等小栏目。

　　由于我国苹果种植区域广阔，气候条件和地理环境差异很大，书中描述的病虫发生代数和时间只是大致规律，不能和各地一一对应，请读者谅解。另外，书中所推荐的防治药剂和浓度仅供读者参考，不可照搬，因为药剂的防治效果受温度、湿度、光照、病虫发生状态、药剂的含量和剂型影响，而且苹果品种对药剂的敏感度存在差异，建议读者使用农药前要仔细阅读生产厂家提供的产品说明书，结合当地实际情况合理使用农药。

本书在编写过程中，参考和引用了许多国内外相关书籍和文献中的内容，在此对撰写这些书籍和文献的作者表示诚挚感谢。

由于编者水平有限，书中可能有错误和疏漏之处，敬请广大读者批评指正。

编　者

目　录

第三章　苹果病虫害综合防治措施

附录

参考文献

第一章 苹果主要病害及其防治

1. 苹果枝干腐烂病 >>>>

　　苹果枝干腐烂病俗称臭皮病、烂皮病、串皮病。主要为害苹果树主干、主枝和较大的侧枝，致使皮层腐烂，树势衰弱，严重者出现死枝、死树，甚至毁园。

　　[发病症状] 发病症状有两种，即枝枯型腐烂和枝干腐烂。枝枯型腐烂一般发生在剪锯口向下或小枝条上，病斑不太明显，常全枝迅速失水干枯死亡（图1-1、图1-2）。枝干腐烂则在大枝干上形成腐烂病斑（图1-3），初期病部表面呈红褐色、水浸状，随后皮层腐烂，常溢出褐色汁液，病皮松软、湿腐，有酒糟味；后期病部失水干缩下陷呈黑褐色，边缘开裂，表面产生许多小黑点。在雨后和潮湿的情况下，小黑点内分泌出橘黄色卷须状孢子角（冒黄丝）（图1-4）。

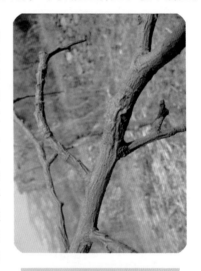

图1-1　腐烂病引起的枝枯

图1-2　腐烂病引起的死树

图1-3 枝干腐烂病斑　　　　**图1-4 病菌产生的分生孢子角**

【发病特点】腐烂病菌主要在枝干病斑上越冬。早春产生分生孢子，随风雨周年传播侵染，从皮孔及各种伤口侵入树体，在侵染点潜伏或发病。1年中有2个发病高峰期，第一个高峰期（春季高峰期）在3~4月，此期新病斑出现多，扩展速度快，发病数量和程度均较重。第二个高峰期（秋季高峰期）在8~9月，一些新病斑出现，旧病斑变软扩大。

苹果树腐烂病菌是一种弱寄生真菌，多侵染树势较弱的树体。凡是造成树体衰弱的因素，如水肥不足、干旱、冻害、挂果太多、偏施速效氮肥造成的土壤酸化、其他病虫为害及高枝嫁接等都是腐烂病发生的诱因。老树发病重于幼树。

【防治方法】

1）培育壮树是防治腐烂病的根本。要合理施肥、灌水，合理留果和修剪。及时防治病虫，避免早期落叶。

2）萌芽前树体消毒。苹果萌芽前，整树淋洗式喷施铲除性杀菌剂，例如福美锌100倍液或45%代森胺（施纳宁）水剂400倍液、1.6%噻霉酮悬浮剂300倍液。

3）及时刮治病斑。用刮刀将病斑组织彻底刮除干净并涂药保护，有效药剂有 25% 丙环唑乳油 200 ~ 500 倍液、30% 苯醚甲环唑乳油 500 倍液、6.5% 菌毒清水剂 50 倍液、2.12% 腐殖酸铜水剂 5 倍液、波尔多浆、5 度石硫合剂等。刮治时，先在树干周围铺上塑料布，收集病皮，集中深埋或烧毁。病斑周围要切去 2 ~ 4mm 的好皮，以防遗留病菌再复发（图 1-5）。

图 1-5　刮治好的病斑

4）对已经产生大病斑的衰弱树体，进行病斑治疗的同时，应及时桥接，恢复树势。取 1 年生苹果嫩枝，两端削成马蹄形，插入病斑上下的"T"字形环切口的皮下，用小钉钉牢固，涂蜡或包泥，并用塑料薄膜包裹。如果在树体主干皮层受害严重，可用树干基部的萌蘖苗或附近栽植的树苗进行相应的桥接（图 1-6）。

图 1-6　桥接防治

2. 苹果轮纹病 >>>>

苹果轮纹病又名粗皮病、轮纹烂果病，主要为害枝干和果实，是引起树上和储存期烂果的重要病害之一。

[发病症状]　轮纹病为害枝干时，先以皮孔为中心形成暗褐色、水渍状或小溃疡斑，稍隆起呈圆形疣状。以后病斑逐渐扩大呈青灰色瘤状突起，失水导致边缘开裂翘起。常多个病斑连成一片，

导致主干、大枝上树皮粗糙，故称"粗皮病"（图1-7）。后期病斑扩展到木质部，阻断枝干水分和养分的输导，削弱树势，造成枝条枯死，甚至死树。

果实一般在近成熟期开始发病，发病初期以果点为中心出现浅褐色的圆形小斑（图1-8），后逐渐扩大，呈深浅相间的同心轮纹状病斑，引起果实腐烂（图1-9）。烂果有酸腐气味，果形不变，有时渗出褐色黏液。果实全部腐烂失水后变成黑色僵果。

图1-7 轮纹病引起的粗皮

图1-8 轮纹病发病初期

〔发病特点〕 轮纹病菌主要在枝干上的病皮内越冬。春季产生分生孢子，随雨水、气流传播，通过伤口、皮孔侵入树干和果实。被病菌侵染的果实不立即发病，待近成熟期和储存期发病。降雨多、湿度大有利于发病；果园管理差，树势衰弱，重黏壤土和红黏土、偏酸性土壤上的植株易发病；被害虫严重为害

图1-9 轮纹病发病后期

的枝干或果实发病重。品种抗病
性有差异，富士、金帅、王林、千
秋等品种高度感病，国光、祝光等
品种发病较轻。

〔防治方法〕

1）合理密植和整枝修剪，改
善果园通风透光性，降低果园湿
度。增施有机肥，增强树势。及时
排水，避免园内积水。

2）晚秋、早春刮除枝干上的
粗皮和病瘤（图1-10），彻底清除
园内落叶、落果和枯枝，集中销
毁，枝干涂上10%苯醚甲环唑水
分散粒剂1500倍液或福美锌100
倍液。春季果树发芽前，用5波美度石硫合剂或45%代森胺水剂
400倍液喷施苹果枝干，可有效杀死树体上的病菌。果实采收前，
及时摘除树上病果和捡拾树下落果。

图1-10 刮除粗皮的枝干

3）果实套袋。谢花后1个月内套完，套袋前均匀喷洒1遍杀菌
剂，可选用多菌灵、甲基硫菌灵、大生等。

4）自谢花后1周起，定期喷洒杀菌剂，15～20天喷1次，可
选用50%多菌灵悬浮剂800倍、10%苯醚甲环唑水分散粒剂2000倍
液、30%绿得保胶悬剂300倍液，1:（2～3）:（200～400）倍的波尔
多液、80%大生800倍液、12.5%腈菌唑可湿性粉剂2500倍液、
50%异菌脲可湿性粉剂600～800倍液、43%戊唑醇2000倍液等。
如果雨前没有喷药，雨后必须及时补喷内吸性杀菌剂。注意不同药
剂交替使用，幼果期不要喷洒波尔多液，以免导致果锈。

5）在低温气调库内存放苹果，可抑制轮纹病的发生。

3. 苹果炭疽病 >>>>

苹果炭疽病又名苦腐病、晚腐病。主要为害果实，引起果实腐
烂。也可以为害枝条和果苔。

〔发病症状〕 果实发病时先在果面出现浅褐色小圆斑（图1-11），逐渐扩大成深褐色、下陷的圆斑（图1-12）。病斑直径为1～2cm时，中心部位长出轮纹状排列的小黑点，潮湿时黑点内涌出红色黏液。病部果肉褐色，有苦味，呈漏斗状向果心腐烂。果实采收后，在储

图1-11 炭疽病发病初期

运过程中，如果温、湿度适宜，带菌果实陆续发病，造成大量腐烂。

〔发病特点〕 该病菌在病果、果苔、干枝、僵果上越冬。第二年春季产生分生孢子，借风雨、昆虫传播。通过皮孔、伤口侵入果实，潜伏在果面蜡质层处。苹果自7月开始发病，每次雨后有1次发病高峰，果实生长后期为发病盛期。园内高温、高湿有利于发病，一般树冠郁闭、低洼黏土地、

图1-12 炭疽病发病后期

排水不良的果园发病较重。该病菌可在刺槐树上越冬，在苹果园周围栽植刺槐的，炭疽病发生重而且早。

〔防治方法〕

1）清除病源。结合冬季修剪，彻底剪除树上的枯死枝、病虫

枝和小僵果，集中烧毁。生长期发现病果应及时摘除。及时合理夏剪，使树冠通风透光。

2）增施有机肥，避免过量施用氮肥，增强树势，提高抗病力。

3）果实套袋与喷洒药剂防治参照"2. 苹果轮纹病"。

4. 苹果套袋斑点病 >>>>

苹果套袋可以显著减少一些病虫危害、降低农药残留，增加果实着色。但随着套袋技术的普遍推广与实施，多年连续套袋会引起果面黑点病和红点病的发生，影响苹果的商品性和经济效益。

图1-13 套袋斑点病果（金帅）

〔发病症状〕 发病初期，在果实萼洼周围出现许多针尖大小的黑点，后逐渐扩展成芝麻大，直至绿豆大，还有的在黑点上带有一小白点。病斑只发生在果皮表面，不深入果肉引起溃烂，无苦味，生长后期和储藏期病斑也不扩大蔓延（图1-13、图1-14）。

红点病多发生在苹果摘袋后，多在果实向阳面上形成许多细小红点（图1-15）。这是斑点落叶病菌侵染刚摘袋的幼嫩苹果皮引起的。

〔发病特点〕 引起苹果黑点病的病菌是弱寄生菌，这些病菌也

图1-14 套袋斑点病果（富士）

是苹果霉心病的致病菌，通常情况下不侵染果面。因为在不套袋的苹果上，由于果面环境比较干燥，这种弱寄生菌难以侵染和生长。但套袋后果实处在湿度大、透气差、温度高的环境下，易引起病菌侵染发病，形成小黑点。黑点病于 6 月下旬开始发生，7 月上旬 ~ 8 月上旬的盛夏雨季是发生盛期。树冠郁闭、通风透光差、高温高湿、多施氮肥的果园发病重。尤其是雨后袋内积水，纸袋湿后迟迟不干，湿度大和透气不畅，更利于发病。

李晓军摄

李晓军摄

图 1-15　苹果套袋红点病

苹果红点主要是因斑点落叶病菌侵染果面造成的，套袋苹果在纸袋内生长时表皮细嫩，薄而且蜡质少，容易受各种病菌的侵染。导致侵染的部位迅速老化，此时正值果实上色期，老化部位首先上色，表现为一个很小的红点，如果侵染点是果实气孔，则中间表现为浅色，外面为小红点。

〔防治方法〕

1）防治黑点病，除了改善果园的通风及透光等条件外，将病菌在苹果套袋前杀灭是关键的药剂防治措施。谢花后至套袋前，每隔 10 天喷一次 80% 代森锰锌粉剂 800 倍液或 40% 氟硅唑（杜邦福星）乳油 8000 倍液，连喷 2 ~ 3 次，进行灭菌预防。或者喷洒 1.5% 多抗霉素 400 倍液，套袋后树上喷洒 77% 多宁（硫酸铜钙）可湿性粉剂 300 ~ 400 倍液。

2）选用优质果袋，提早套袋。早套袋减少幼果受外界不良气候的影响，并提早适应袋内环境，增强抗逆能力。套塑膜袋的时间以谢花后

15～20 天为宜；套纸袋以谢花后 25～35 天为佳。套袋时，果袋要鼓胀起来，上封严，下通透，不皱折，不贴果，果实悬于袋的中央。

3）夏季疏枝疏梢，改善通风透光性；从果实生长中期控施氮肥，平衡氮、磷、钾和钙肥；雨季做好排水，以降低土壤含水量和空气湿度。下完大雨后，要及时检查果袋，排除袋内积水，调整和更换被雨水淋烂粘贴在果面上的袋子。

4）红点病的防治。一定要抓好套袋前和摘袋前后树上斑点落叶病的防治，选用药剂参照"6. 苹果斑点落叶病"。

⚠ **注意** 套袋前 1～2 天是喷药防治苹果黑点病的关键期，此时防治可以及时杀灭果面上的病菌，控制苹果在套袋后不被侵染发病。

5. 苹果霉心病 >>>>

苹果霉心病又名心腐病，主要为害红星、首红、北斗等苹果的果实，在树上可以造成果实心腐和早期落果，严重的病果率在 40% 以上。

[发病症状] 发病初期果实心室有褐色不连续点状或条状小斑，后融合成褐色斑块，最后病果果心完全变褐，出现灰绿色、白色或粉红色的霉状物，果肉从心室逐渐向外霉烂，味苦（图 1-16）。一般情况下果面症状不明显，较难识别。但幼果受害严重的可在早期脱落，近成熟果实受害后偶尔果面发黄，着

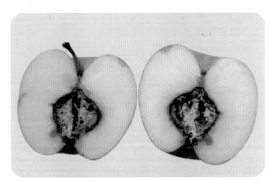

图 1-16　苹果霉心病病果

色较早，易脱落。有的霉心果实因外观无症状而被带入储藏库内，

遇适宜条件即发病霉烂。

[发病特点]　霉心病病菌属弱寄生菌，以菌丝体在病果内越冬，或潜藏在芽的鳞片内越冬。次年春季以孢子传播，随着花朵开放首先在柱头上定殖。落花后病菌从花柱向萼心扩展并侵入心室，导致果实发病。

霉心病的发生与品种关系密切，果实萼口开放、萼筒长的易感病。所以红星、红冠等元帅系列品种发病重，富士系列发病轻。花期前后降雨早、次数多、雨量大和高湿温暖有利于霉心病发生；果园管理粗放、结果太多、缺少有机肥、矿物质营养不均衡、地势低洼、树冠郁闭、树势衰弱等都有利于发病。

[防治方法]

1）加强栽培管理。田间及时摘除病果，捡拾落果，集中处理。冬季剪去树上各种僵果、枯枝，清洁果园可以减少菌源。增施农家肥，增强果实抗病力。在幼果期和果实膨大期，喷洒 0.4% 硝酸钙或氯化钙 1~2 次，增加果实的含钙量，减轻病菌的为害。

2）药剂治疗。苹果发芽前喷洒 3~5 波美度石硫合剂。花前、花后及幼果期每隔 10~15 天喷 1 次杀菌剂，防止霉菌侵入。选用药剂为 50% 异菌脲可湿性粉剂 1000 倍液、50% 多菌灵·乙霉威可湿性粉剂 1000 倍液、70% 代森锰锌可湿性粉剂 600~800 倍液 + 10% 多氧霉素可湿性粉剂 1000~1500 倍液、70% 甲基硫菌灵可湿性粉剂 1000 倍液。

⚠ 注意　由于该病菌在花期侵染，对于上一年发病较重的果园，一定要在盛花期至盛花末期喷洒 1 遍杀菌剂，以防止病菌侵入萼心内。

6. 苹果斑点落叶病 ＞＞＞＞

苹果斑点落叶病又名褐纹病，主要为害苹果叶片，造成苹果早期落叶。也可以侵害叶柄、嫩枝和果实。该病害在各苹果产区都有发生，以渤海湾和黄河故道地区受害较重。

〔发病症状〕 发病初期，叶片正面出现褐色小圆点，周围有紫红色晕圈。条件适宜时，病斑逐渐扩大连成片，病斑中央着生一深色小点，天气潮湿时，病斑反面长出黑色霉层（图1-17）。幼嫩叶片受侵害发病后，病部停止生长，致使叶片皱缩、畸形，有的病斑破裂穿孔。叶柄及嫩枝被害发病，表面产生椭圆形褐色凹陷病斑。果实受害多在近成熟期，果面产生直径1~4mm的红色或褐色斑点。

图1-17 苹果斑点落叶病症状
（上：叶片正面 下：叶片背面）

〔发病特点〕 病菌在受害叶、枝条或芽鳞中越冬。第二年春天产生分生孢子，随气流、风雨传播，从气孔侵入。以叶龄20天内的嫩叶易受侵染，30天以上叶片不再感病。1年有2个发病高峰，第1高峰从5月上旬~6月中旬，导致春梢和叶片大量染病，严重时造成落叶；第2高峰在9月，主要为害秋梢。春季苹果展叶后，降雨早、雨日多，或空气相对湿度在70%以上时，田间发病早，病叶率增长快。果园树冠郁闭，杂草丛生，地势低洼，易发病。品种以红星、玫瑰红、元帅系苹果易感病，富士系列、嘎啦、国光中度感病，乔纳金比较抗病。

〔防治方法〕

1）清洁果园。果树休眠期间，结合冬季修剪，彻底扫除落叶，剪除病枝，集中深埋或焚烧。

2）降低果园湿度。夏季合理修剪，疏除无用枝条，增加果园通风透光性和降低湿度可减轻发病。

3）药剂防治。于苹果新梢开始抽生和迅速生长期，树上喷洒

10% 宝丽安可湿性粉剂或 50% 异菌脲可湿性粉剂 1000～1500 倍液或 80% 大生或喷克可湿性粉剂 800 倍液、60% 代森锰锌可湿性粉剂 500 倍稀释液、70% 丙森锌（安泰生）可湿性粉剂 700 倍液、25% 戊唑醇可湿性粉剂 800～1200 倍液、10% 多氧霉素可湿性粉剂 1000～1500 倍液，对该病均有良好防效。注意间隔 15 天左右喷洒 1 次，不同药剂交替使用。可以将苹果斑点落叶病的防治与轮纹病、炭疽病的防治结合起来。

⚠️ **注意**　春季新梢生长期，凉爽、高湿是该病害发生的有利条件。此时应及时观察发病情况，发现斑点立即喷药防治。

7. 苹果炭疽落叶病 >>>>

苹果炭疽落叶病又名炭疽叶枯病，是近 5 年引起苹果早期大量落叶的主要病害，特别是在夏季多雨的年份发生严重。该病害发病、流行速度快，几天内即可导致全树落叶和果实腐烂，造成第 2 次开花，减产非常严重。

[发病症状]　苹果炭疽落叶病主要为害叶片，发病初期为黑色不规则坏死病斑（图 1-18），病斑边缘模糊。在高温高湿条件下，病斑扩展迅速，1～2 天内可蔓延至整张叶片，使整张叶片变黑坏死（图 1-19）。

图 1-18　苹果炭疽落叶病为害叶片症状
（上：叶片正面　下：叶片背面）

13 🍎

发病叶片失水后呈焦枯状，随后脱落。该病害还为害果实，在果面形成大小不一的褐色斑（图1-20、图1-21），引起落果。嘎啦、金冠、秦冠和乔纳金等品种极易感病，富士、红星等品种高度抗病。

图1-19　苹果炭疽落叶病变黑坏死叶片

〔发病特点〕　苹果炭疽叶枯病菌以菌丝体在病僵果、干枝、果苔和有虫害的枝上越冬。春季5月条件适宜时产生分生孢子，成为初侵染源。病菌孢子借雨水和昆虫传播，经皮孔或伤口侵入叶片、果实。可多次侵染，潜育期一般在7天以上。于7月开始发病，发病高峰为7~8月连续阴雨期。

图1-20　苹果炭疽落叶病为害果实初期症状

〔防治方法〕

1）选择抗病品种。新建园尽量选择不易感病的果树品种，并实行起垄栽培，防治果园积水。

2）果树休眠期，彻底清理果园，清扫残枝落叶，集中销毁。

3）铲除越冬病菌。10月大量落叶的果园，喷洒1次100~200倍的硫酸铜液；第二年4月苹果萌芽前，再喷施1次。

4）5月第1次降雨后，结合防治其他病害，同时进行该病的防治。以后每隔10~15天喷药1次，杀菌剂可选用1:2:200波尔多液、68.75%易保水分散粒剂1000倍液、70%安泰生可湿性粉剂800

倍液、25%凯润（吡唑嘧菌酯）乳油200倍+43%戊唑醇悬浮剂3000倍液、80%多·锰锌可湿性粉剂600倍液、70%甲基硫菌灵悬浮剂800倍液等。如果降雨前没有及时喷药，可以在连续阴雨间歇期补喷代森锰锌或波尔多液。

图1-21　苹果炭疽落叶病为害果实后期症状

⚠ **注意**　炭疽叶枯病菌主要在降雨期间侵染，降雨前喷施保护性杀菌剂或者在病菌侵染后喷施内吸性治疗剂，是控制该病害发生为害的关键技术。波尔多液与吡唑醚菌酯交替使用防治效果较好。

8. 苹果褐斑病 >>>>

　　苹果褐斑病又名绿缘褐斑病，主要为害叶片，也能侵染果实、叶柄，导致早期落叶（图1-22）。苹果各品种中，红玉、富士、金帅、倭锦、香蕉、元帅、红星、国光易感病；鸡冠、祝光、大珊瑚、翠玉较抗病；小国光抗病。

　　〔发病症状〕　叶片发病，病斑褐色，边缘绿色不整齐，故有绿缘褐斑病之称。病斑有三种类型：

　　1）同心轮纹型。病斑圆形，四周黄色，中心暗褐色，有呈同心轮纹状排列的黑色小点，病斑周围有绿色晕。

　　2）针芒型。病斑似针芒状向外扩展，无一定边缘，斑小而多。

　　3）混合型。病斑很大，近圆形或不规则形，暗褐色，中心为灰白色，其上亦有小黑点，但无明显的同心轮纹（图1-23）。

　　〔发病特点〕　病菌在病叶上越冬。第二年春天产生分生孢子，通过风雨传播，直接或从气孔侵染，田间可以多次再侵染。一般从 6 月上中旬开始发病，7~9 月为发病盛期，严重时 9 月即可造成大量落叶。该病的发生流行与气候、栽培、品种等关系密切。冬季温暖潮湿，春雨早、雨量大，夏季阴雨连绵的年份，常发病早且重，多雨是该病流行的主要条件。套袋后杀菌剂喷洒间隔时间过长，果园地势低洼积水、树冠郁闭通风不良的果树常发病较重，树冠内膛下部叶片比外围上部叶片发病早而且重。

图 1-22　苹果褐斑病引起叶片黄化脱落

〔防治方法〕

1）优化果园环境，减少发病条件。秋、冬季彻底清扫园内落叶，剪除树上病枝、病叶，集中深埋或烧毁。合理密植，及时修剪疏除过密枝叶，改善通风透光条件，降低果园湿度。

2）药剂防治。一般于 5 月中旬开始喷药，隔 15 天 1 次，有效药剂有波尔多液（1∶2∶200）、30% 绿得保 500 倍液、77% 可杀得 800 倍液、70% 甲基硫菌灵可湿性粉剂 800 倍液、70% 代森锰锌可湿性粉剂 500 倍液等。幼果期不可喷洒波尔多液，易产生果锈。

9. 苹果白粉病　>>>>

苹果白粉病除为害苹果外，还为害沙果、海棠、山定子等。被害新梢生长受到抑制，不利于叶芽与花芽的分化，从而降低第 2 年的产量。少数严重受害的果树，叶片提前枯死脱落，引起新梢干枯死亡，严重影响树势。

[发病症状]　苹果白粉病主要为害芽（图1-24）、梢、嫩叶，也为害花及幼果。发病部位产生灰白色斑块，表面长有白粉。发病严重时叶片萎缩、卷曲、变褐、枯死，后期病部长出密集的小黑点。被害芽尖瘦干瘪，春季发芽晚，新梢节间短，病叶狭长，质硬而脆，伸展不开，表面生有白粉（图1-25）。生长期大叶被害则凹凸不平，皱缩扭曲，叶色深浅不均（图1-26）。花芽被害则花朵畸形、花瓣狭长、萎缩。幼果被害，果顶产生白粉斑，后形成锈斑。

[发病特点]　苹果白粉病以菌丝在芽鳞片内越冬。第二年春季萌芽

图1-23　苹果褐斑病为害叶片症状
（上：叶片正面　下：叶片背面）

图1-24　苹果白粉病芽

时，越冬菌丝产生分生孢子，随气流传播，直接侵入新梢。该病害喜欢在凉爽季节发生，主要为害幼嫩组织，所以5月和9月为发病盛期，10月以后叶片老化，很少发病。春暖干旱的年份有利于病害前期流行。金帅、嘎啦、倭锦、红玉、国光、印度等品种易感病，富士、红星、青香蕉等品种发病轻。

图1-25　苹果白粉病病叶（背面症状）

〔防治方法〕

1）冬季修剪时剪除病枝、病芽，清除果园内的杂草、落叶、落果及修剪下来的树枝，集中处理。发芽后及时摘除病芽和病梢，带出园外集中深埋。

2）药剂防治。萌芽前树上喷布5波美度的石硫合剂。花后喷15%三唑酮（粉

**图1-26　苹果白粉病病叶
（正面症状）**

锈宁）可湿性粉剂3000～5000倍液或43%戊唑醇悬浮剂4000倍液、25%丙环唑乳油1500倍液。连喷2次，间隔时间10～15天。

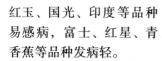 10. 苹果锈病 >>>>

苹果锈病又名赤星病、苹桧锈病、羊胡子。主要危害苹果、梨、海棠、桧柏等。该病害主要为害叶片，也为害果实和叶柄，影响光合作用，削弱树势，造成减产和品质下降。随着园林绿化面积扩大，

柏树种植数量增加，该病害在果园发生越来越严重。

〔发病症状〕 苹果锈病侵害叶片，初期在叶片正面出现针尖大小的橘黄色小点，2～3 天后扩展成橙黄色病斑。病斑上有凸起的红色小粒点，潮湿时溢出淡黄色黏液，

图1-27 苹果锈病为害叶片症状（正面）

黏液干燥后红色小粒点变成黑色（图1-27）。随后病斑组织变肥厚，叶正面斑凹陷，斑背面隆起（图1-28），长出淡黄色细管状物（羊胡子），即病菌的锈孢子器（图1-29）。7～8 月管状物内散发大量褐斑锈病孢子，侵染周围的柏树。

图1-28 苹果锈病为害叶片症状（背面）

〔发病特点〕 锈病菌是转主寄生菌，需要在苹果（梨、海棠）和柏树两类植物上才能完成全部生活史，缺少任何一类植物，锈病菌都不能生存。锈病菌主要于 7～8 月侵染各种柏树，如桧柏、龙柏、欧洲刺柏等，并在柏树上越冬。苹果锈病在柏树上的

症状不明显，但在第二年 3 ~ 4 月，受侵染部位产生褐色圆锥状的冬孢子角。冬孢子角胶质，遇雨后吸水膨胀，表面产生黄色粉状物。当苹果和梨开始展叶时，冬孢子角成熟，遇雨后产生担孢子，随

图1-29 锈病锈孢子器

气流传播侵染苹果和梨的幼嫩组织，经 7 ~ 10 天开始发病，30 天后产生锈孢子，随气流传播侵染柏树。锈病菌能在柏树枝条上生活数年，并连续多年产生冬孢子角。该病菌的担孢子和锈孢子随气流可传播 10km 以上，苹果园和梨园周围 10km 范围内若有柏树，苹果和梨就能发生锈病，柏树离果园越近，锈病越重。

降雨是导致苹果锈病发病的必要条件。锈病菌的冬孢子萌发和担孢子的侵染都离不开雨水。最适萌发侵染温度是 15℃。在最适温度下，2mm 的降雨就能在短时间引起锈病菌的侵染和发病。降雨持续时间越长，病菌侵染量越大，发病就越严重。锈病菌侵染后的 5 天内使用内吸性杀菌剂，防治效果能达到 95% 以上，用药越晚防治效果越差。苹果锈病的发生程度与叶片龄期有关，苹果幼嫩叶片感病，25 日龄后的叶片不再感染锈病。苹果锈病主要发生在 4 ~ 5 月，6 月以后发病很轻。

[防治方法]

1）铲除果园周围的柏树是防治苹果锈病的根本措施。如果不能铲除，应经常查找柏树上的冬孢子角，及时剪掉并烧毁。

2）加强春季防治。春季降雨后，及时在苹果树上喷施保护性和内吸性杀菌剂。苹果叶片刚出现锈斑时，立即喷施内吸性杀菌剂，病斑显症 3 天后喷药，效果明显下降。有效药剂为 20% 三唑铜（粉

锈灵）可湿性粉剂 1000~1500 倍液、43% 戊唑醇悬浮剂 4000 倍液、25% 丙环唑乳油 4000 倍液、10% 苯醚甲环唑 1500 倍液、12.5% 腈菌唑乳油 1000 倍液。隔 10~15 天喷 1 次，连续喷 2~3 次即可控制发病。

> ⚠ 注意　苹果锈病和白粉病的防治药剂相同，两病害可以一起喷药防治。戊唑醇对苹果多种病害有效，谢花后喷洒该药比较经济有效。

11. 苹果锈果病 >>>>

苹果锈果病又名花脸病、裂果病，是一种病毒病。各苹果产区均有发生，发病后果实个头较小，品质变差，甚至不能食用。

〔发病症状〕　发病初期在果实顶部产生深绿色水渍状病斑，逐渐沿果面纵向扩展，长成铁锈色条状病斑。锈斑组织仅限于表皮，造成果面粗糙，后期果实变成凹凸不平的畸形果，果皮龟裂（图 1-30）。有的病果着色前无明显变化，着色后果面散生许多黄绿色斑块，呈花脸症状（图 1-31）。还有的病果同时拥有锈斑和花脸两种症状。

〔发病特点〕　由苹果锈果类病毒侵染所致，病树全株带毒，通过各种嫁接方法传染，也可以通过在病树上用过的刀、剪、锯等工具传染。梨树普遍潜带该病毒，但不表现症状。苹果锈果病增殖为害的高峰期是 5~7 月，与梨树混栽的苹果或靠近梨园的苹果树发病较多。苹果树一旦染病，病情逐年加重，成为全株永久性病害，无法治愈。黄魁、黄香蕉等黄色品种较抗病；倭锦、大国光为中感品种；而元帅、红星、国光、富士为高感品种。病树的花粉和种子不传毒。刺吸式口器昆虫能否传病尚不清楚。带病接穗及带病苗木的调运，是该病扩大危害的主要途径。

〔防治方法〕

1）防治此病最根本的办法是栽培无毒苹果苗。严禁在疫区内

图 1-30 苹果锈果病（锈果型）

繁殖苗木或外调繁殖材料，用种子播种繁殖，避免采用根蘖苗。严禁从病树上采取接穗，避免在老果园附近育苗。建立新果园时，避免与梨树混栽。

2）砍伐淘汰病树。果区发现重病株，立即连根刨出烧毁。

3）对锰、铁过剩的果园，要控制施用含锰、铁的化肥和农药，增施有机肥，同时要施

图 1-31 苹果锈果病（花脸型）

足磷、钾、锌、铜、钼、镁等肥料，抑制病症。另外，施用亚硫酸钠或注射四环素、链霉素可减轻锈果病。

12. 苹果花叶病 >>>>

苹果花叶病是一种发生普遍的病毒病。不仅为害苹果，还可以为害花红、海棠、沙果、山楂、木瓜等。

[发病症状]　主要在叶片上形成各种类型的鲜黄色病斑，其症状变化很大。夏初，发病严重的叶片上出现鲜黄色、后变为白色的大型褪绿斑区（图1-32）；轻者叶片只出现少量小黄色斑点，有的是沿脉失绿黄化，形成一个黄色网纹。此外，有些株系产生线纹或环斑症状。病树的一年生的枝条较短，树势衰弱。

[发病特点]

花叶病毒主要通过嫁接传染，靠接穗传播。当气温在10～20℃、光照较强、土壤干旱及树势衰弱时，有利于症状显现。当条件不适宜时，如高温、树势强壮等，症状可暂时隐蔽。品种抗病性有差异，金帅、青香蕉、黄魁、秦冠、红玉等品种发病较重，红星、富士发病较轻。

[防治方法]

1）栽培无毒苗。花叶病毒病由苗木带入，由于潜伏期较长，一般果树栽后第5年显病，以后逐年加重并传播蔓延。所以接穗应采自无毒母

图1-32　苹果花叶病叶片症状

树，砧木用实生苗。

2）对盛果期有病毒病的果树，要增施有机肥，喷洒多营养微肥，增强树体耐病性。

3）苹果花芽萌动期和谢花后，分别用50%消菌灵1000倍液加"天达~2116"植物生长营养液（果树专用）1000倍液灌根，每株浇灌药液25~50kg。或喷洒盐酸吗啉胍等抗病毒剂抑制症状出现。

⚠️ **注意** 目前，药剂防治苹果病毒病效果很低，必须采取栽植无毒苗木，规范嫁接和修剪管理防止传播、合理肥水增强树势等措施，才能有效控制病毒病的发生和危害。

13. 苹果黄叶病（缺铁） >>>>

苹果黄叶病又名黄化病、缺铁失绿病，是由树体缺少铁元素引起的生理性病害。

〔发病症状〕 先从新梢的幼嫩叶片开始发病，叶肉变黄，叶脉保持绿色，呈绿色网纹状（图1-33）。后期全叶变成黄白色，叶片自边缘焦枯，最后全叶枯死、早落。

〔发病特点〕 黄叶病的发生与土壤有很大关系，一般盐碱土或石灰质过多的土壤容易发生，特别是碱性土壤水分过多时发病严重。

图1-33 苹果黄叶病叶片症状

地下水位高，低洼地及重黏土质的果园容易发病。用东北山荆子（山定子）作砧木，在盐碱地区黄叶病严重。

〔防治方法〕

1）增施有机肥。在果树休眠期，将硫酸亚铁与有机肥料按1:15的比例混匀制成有机铁肥施入土壤，防治苹果黄叶病效果较佳。施用前，先将硫酸亚铁溶于10倍的水中，然后将硫酸亚铁溶液喷洒在有机肥上，边喷边用铁锨翻拌，使其充分混合均匀。

2）叶面喷施铁肥。新梢快速生长期，用0.3%～0.5%硫酸亚铁溶液或1%柠檬酸铁溶液均匀喷洒枝叶，每15天喷1次，连续喷3～4次。

⚠️ **注意**　盐碱地对铁离子有吸附作用，不利于树体吸收，根部补铁可能不如叶面喷施效果快。但是，多施有机肥可以改善土壤质量，有利于铁元素被根系吸收。

14. 苹果小叶病（缺锌）　>>>>

苹果小叶病又名缺锌症。此病由苹果树体缺乏锌素引起，是一种生理性病害。

〔发病症状〕　缺锌引起的小叶病树呈点片或成行分布，春季发芽晚于健树。病树新梢节间短，展叶后顶梢叶片簇生，枝中下部光秃。叶片边缘上卷、质脆，呈柳叶状（图1-34），数月后可出现枯梢或病枝枯死现象（图1-35）。病枝上花少而小，果小而畸形。幼树缺锌根系发育不良，老树则有根系腐烂现象。

〔发病特点〕　当果园施肥中缺少有机肥，砂质土壤或碱性土中锌元素供应不足时，果

图1-34　苹果小叶病症状

25

树生长素和酶系统的活动受阻，造成叶片黄化，出现小叶、簇叶现象。不合理的修剪如去枝不当、重剪、重环剥也能引起小叶病。

〔防治方法〕

1）增施有机肥，改良土壤，加强肥水管理，合理修剪。

2）树上喷洒锌肥。早春树体未发芽前在主干和主枝上喷施0.3%硫酸锌＋0.3%尿素水溶液，花芽露红时喷施0.2%硫酸锌水溶液。尿素可以促进锌元素吸收，喷洒前仔细搅拌使其完全溶解，避免氮素烧叶。

图1-35　苹果小叶病树

3）根施锌肥。苹果树发芽前，树下挖放射状沟，株施50%硫酸锌肥1～1.5kg，可根据树冠大小灵活掌握追施量。

15. 苹果缩果病（缺硼）>>>>

苹果缩果病是由树体缺硼引起的生理性病害，不会传染。近两年在早熟苹果美国八号、嘎啦及晚熟苹果秦冠等品种上发生比较严重。

〔发病症状〕苹果缩果病的症状有3种：

1）果皮软木型：多发生在幼果期，初发病时果皮出现暗绿色或暗红色的水渍状斑块，随后皮下果肉脱水变为棕褐色，果肉坏死后呈海绵状。重病果果顶部分坏死，成黑褐色凹陷干斑，果实畸形，个小，易早落。

2）果心软木型：多发生于果实生长后期，果实内部由萼洼开始沿果心线向外扩展，果肉条状木栓化变褐，果面凹凸不平。红色品种果实着色早，易早落。

3）瘤状锈果型：果面出现不规则瘤状突起锈斑，萼洼宽，果皮极厚，果肉松软如海绵，口味淡，种子干瘪。同时，缺硼还可以使果树花器官发育不良，受粉不良，落花落果严重，坐果率低。

〔发病特点〕 硼是植物细胞分裂和组织分化必不可少的微量元素，对果树生殖过程有重要的促进作用，当土壤中硼含量低（小于10mg/kg）时，就会表现出缺硼症状（图1-36）。该病的发生与果园土质、气候及品种等因素密切相关。土壤瘠薄的山地和河滩沙地，硼元素极易淋溶流失，使树体表现缺硼症状；在盐碱地块，硼元素呈不溶性状态，植株根系不易吸收，树体也会表现缺硼症状；钙质含量很高的土壤，硼也不易被吸收；虽然黏质土壤含硼量较高，但有机肥（农家肥）用量少、化肥施用过量的果园，极易造成营养元素之间的拮抗作用，同样会导致缩果病发生。品种间对硼缺乏的敏感程度差异较大，美国八号、嘎啦、秦冠等品种容易出现缺硼症状。

张振芳摄

图1-36 苹果缩果病症状

〔防治方法〕

1）改良土壤，适时灌水。增施有机肥，丰富土壤营养成分，是防治苹果缩果病的根本措施。春旱年份适时灌水，有利于提高土壤中水溶性硼的含量和果树的吸收。

2）叶面喷硼。苹果花期前后，每隔 10～15 天喷布 1 次 0.3%～0.5% 硼砂液，共 2～3 次。

3）土壤施硼。冬春期间结合施肥，在树冠边缘下的地面开放射状浅沟，每株施入硼砂 150～250g，施后与土粪拌匀。持效期 2～3 年。

16. 苹果苦痘病（缺钙） >>>>

苹果苦痘病又名苦陷病，主要表现在果实上，常发生在苹果成熟期和储藏期。属生理性病害，由树体缺钙引起，随着果园化肥施用量不断增加，广泛实行套袋栽培后，病情不断加重。

〔发病症状〕发病症状在果实近成熟时开始出现，储藏期继续发展。病斑多发生在近果顶处，病部果皮下的果肉先发生褐色病变，外部颜色深，在红色品种上呈现暗紫红色斑（图 1-37），在绿色品种呈现深绿色斑（图 1-38），在青色品种上形成灰褐色斑。后期病部果肉干缩，表皮坏死，出现凹陷的褐斑（图 1-39），深达果肉 2～3mm，有苦味。发病轻的病果上有 3～5 个病斑，严重的有 60～80 个斑，遍布果面。

图 1-37 红玉苹果苦痘病

〔发病特点〕苹果苦痘病的发生主要与果实中的钙含量有关。当苹果内钙离子浓度低于 110mg/kg 时，影响表皮组织细胞发育，使果肉组织松软变褐，外部出现凹陷斑。苹果内钙离子浓度高于 110mg/kg 时，果实表现正常。同时，果实内氮钙比也影响苦痘病的发生，当氮钙比等于 10 时不发病，氮钙比大于 10 时发生苦痘病，达到 30 时则严重发病。因此，在修剪过重、偏施氮肥、树体过旺及肥水不良的果园苦痘病发病重。红玉、国光、青香蕉、金冠、秋花皮苹果品种较感病。

图1-38　金帅苹果苦痘病

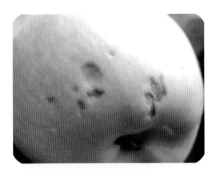

图1-39　苹果储藏期苦痘病症状

〔防治方法〕

1）改善栽培管理条件。增施有机肥和绿肥，严防偏施和晚施氮肥。秋施基肥时，添加骨粉既增加有机质又补充了钙。

2）叶面喷钙。盛花期后每隔15～20天，喷1次0.3%的硝酸钙液或氨基酸钙300倍液，直到采收前20天左右。使用该药在气温高时叶片上易发生药害，需注意。套袋苹果摘袋后2～3天喷1～2次富力钙或氨钙宝。果实采收后，可用5%的氯化钙溶液浸泡果实。

⚠️ 注意　苹果谢花后和果实膨大期，是对钙元素的两个吸收利用高峰期，一定要在这关键时期补充钙肥。果实套袋后对钙的吸收能力降低，更需要及时补钙。

17. 苹果裂果病 >>>>

近年来，苹果裂果是生产上的一种常发性生理病害，严重影响果品质量。裂果造成的裂缝易感染病菌，导致果实腐烂（图1-40），进一步影响产量。

〔发病症状〕　主要是在果实上产生不规则、深浅不一的裂纹或裂缝（图1-41）。

〖裂果原因〗果实生长前期如果土壤过分干旱，果实进入转色期至近成熟期，气孔张开，果实缝合线部位细胞排列致密性差，若遇连续降雨或暴

图1-40　苹果裂果感染病菌

雨，导致土壤水分急剧增加，果树根系迅速吸收水分而使果实急剧膨大，果实表皮易胀裂而出现裂果。另外，药害和病虫为害的部位，常有部分果皮停止生长，此点将成为裂果的起裂点。果实阳面的果皮受到阳光直射后，出现细小日灼伤痕，果皮韧性降低，易出现裂果。幼树或高接树在结果初期，新梢生长旺盛，枝条直立，易造成裂果；角度开张、长势中庸的枝条上裂果少。

〖防治方法〗

1）加强土壤管理，增施有机肥，及时补充钙、硼、钾等肥料，及时适量灌水和排水，保持土壤水肥平衡。

2）合理修剪，控制树势，维持树势中庸状态，也可以有效降低裂果率。

图1-41　苹果裂果病症状

3）幼果期套纸袋，将果实保护起来，避免果实受到外界的损

害，减少雨水和光线对果实的刺激，可明显地降低裂果率。

4）盛花后 2 ~ 3 周开始，向幼果喷洒 500 ~ 600 倍绿鲜威加 0.3% 尿素液，在果实膨大前，每隔 1 周喷 1 次。

18. 苹果果锈病 >>>>

苹果果锈病又名水锈病，属生理性病害。主要发生在金帅

（冠）品种（图 1- 42）上，国光、红玉、元帅系等也有发生。严重影响商品果实的外观，降低果品的经济价值。

〔发病症状〕 苹果果锈病是一些品种果实表面产生的类似金属锈状的木栓层。发生严重时锈点连片，酷似土豆皮一般，果面粗糙无光泽。果锈对绿色和黄色品种的果实外观影响较大，而红色品种虽然也发生果锈，但果实成熟后易被红色所掩盖。

〔发病特点〕 金帅（冠）苹果表皮薄，

图 1-42 金帅苹果果锈

细胞大且排列疏松，果面角质层薄，易龟裂。所以，遇到不良因素刺激后，果实表皮细胞破裂而形成木栓细胞。下层细胞形成木栓形成层，局部细胞木栓化，成为 1 个果锈主斑。尤其当幼茸毛脱落后，蜡质角质层尚未形成，对外界条件敏感，因而果龄 40 天内最易出现果锈。

诱发果锈的主要原因是幼果期遇到阴雨天气，低温高湿。或者幼果期用药不当，树上喷洒波尔多液、阴天打药、喷雾器压力大、

雾滴粗、混药种类过多等，可导致果锈发生。

〔防治方法〕

1）选用抗病品种。乔纳金、红津轻、王林、丹霞、岳金、华冠等品种不易发生果锈。

2）加强栽培管理。注意降低果园湿度，合理修剪，调节留果量，增强通风透光。

3）幼果期喷药保护。落花后 10～20 天内可喷洒石蜡乳化剂 20～30 倍液或 27% 高脂膜乳剂 80～100 倍液、二氧化硅水剂 30 倍液，喷洒 2～3 次，可避免产生果锈。幼果期停止使用波尔多液和石硫合剂，改用安全性好的有机杀菌剂。

4）果实套袋。谢花后 10 天左右开始套袋，对果锈有明显的抑制作用。

第二章　苹果主要虫害及其防治

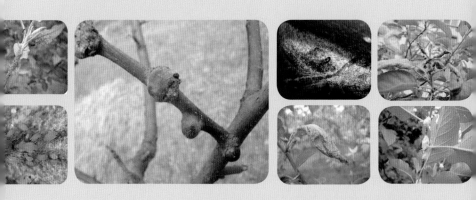

1. 苹果黄蚜 >>>>

苹果黄蚜又名绣线菊蚜，俗称腻虫。主要为害苹果、沙果、海棠、木瓜等。以若蚜、成蚜群集于寄主嫩梢、嫩叶背面及幼果表面刺吸为害（图2-1、图2-2），受害叶片常向背面卷曲。

〔形态特征〕

1）有翅雌蚜：头、胸部和腹管、尾片均为黑色，腹部呈黄绿色或绿色，两侧有黑斑。

图2-1　苹果黄蚜为害新梢

2）无翅雌蚜：体长1.4～1.8mm，纺锤形，黄绿色，复眼、腹管及尾片均为漆黑色。

3）若蚜：鲜黄色，触角、腹管及足均为黑色。

4）卵：椭圆形，漆黑色（图2-3），越冬时才出现。

〔发生特点〕　1年发生10余代。以卵在寄主枝梢的皮缝、鳞芽旁越冬。第二年苹果芽萌动时卵开始孵化，初孵若蚜先在芽缝或芽侧为害，10余天后，

图2-2　苹果黄蚜无翅成蚜和若蚜

产生无翅和少量有翅胎生雌蚜。5～6月间继续以孤雌生殖的方式产生有翅和无翅胎生雌蚜，春梢生长期繁殖最快，产生大量有翅蚜扩散蔓延造成严重危害。7～8月间高温气候不适，发生量逐渐减少。秋梢生长期又有回升。该蚜虫自春季到秋季均以孤雌生殖，10月间出现性蚜，雌雄交尾后产卵，以卵越冬。

〔防治方法〕

1）休眠期防治。苹果树发芽前，结合防治其他病虫，喷施 3 ~ 5 波美度石硫合剂或 95% 机油乳剂 50 倍液，杀灭树体上的越冬卵。

2）发生期防治。苹果开花前后，蚜量尚未迅速上升前，树上喷药防治。选用的药剂有 10% 吡

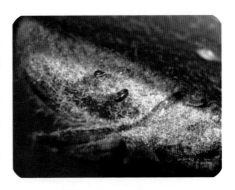

图 2-3　苹果黄蚜越冬卵

虫啉可湿性粉剂 3000 ~ 4000 倍液、3% 啶虫脒乳油 2000 倍液、50% 氟啶虫胺腈（可立施）水分散粒剂 8000 ~ 10000 倍液或 2.5% 三氟氯氰菊酯（功夫）乳油 3000 ~ 4000 倍液。蚜虫的天敌有食蚜蝇、瓢虫、草蛉、小花蝽、蚜茧蜂等，天敌发生期果园尽量不使用广谱、触杀性化学杀虫剂，以免伤害天敌。

2. 苹果瘤蚜 >>>>

苹果瘤蚜又名苹果卷叶蚜，俗称腻虫、油汗。主要为害苹果、沙果、海棠、山荆子等。以成蚜和若蚜群集在叶片背面刺吸汁液，受害叶边缘向背面纵卷成条筒状（图 2-4），蚜虫潜藏其中吸食，通常仅为害局部新梢（图 2-5）。受害严重时，整片叶卷成细绳状，叶片皱缩，最后干枯、脱落，严重影响枝叶生长。

图 2-4　苹果瘤蚜为害的叶片

〔形态特征〕

1）无翅胎生雌蚜：体长 1.4 ~ 1.6mm，近纺锤形，体暗绿色或褐

色，头漆黑色，复眼暗红色，具有明显的额瘤。

图2-5　苹果瘤蚜为害的新梢

2）有翅胎生雌蚜：体长1.5mm左右，卵圆形。头、胸部暗褐色，具明显的额瘤，且生有2~3根黑毛。

3）若蚜：体型似无翅胎生雌蚜，体色浅绿色。

4）卵：长椭圆形，黑绿色，有光泽，长约0.5mm。

〔发生特点〕　1年发生10多代，以卵在1年生枝条芽缝、剪锯口等处越冬。第二年4月上旬，越冬卵孵化，自春季至秋季均孤雌生殖，发生为害盛期同苹果黄蚜。10~11月出现性蚜，交尾后产卵，以卵态越冬。

〔防治方法〕　防治苹果瘤蚜的方法基本同苹果黄蚜，但关键时期是在越冬卵孵化盛期，最好选用内吸性杀虫剂，细致喷洒。另外，可结合夏季修剪，剪除被害梢，带出园外，集中处理。

3. 苹果绵蚜　>>>>

苹果绵蚜又名白色蚜虫、赤蚜，可为害苹果、山荆子、海棠、花红等树木。该蚜虫源于美国，后随苗木传到世界各地，目前我国各苹果产地均已发现该虫为害。绵蚜通常群集在苹果枝干的粗皮裂缝、伤口、剪锯口、新梢叶腋（图2-6）及裸露地表根际等处，吸食树液，消耗树体营养。枝干被害部位形成小肿

图2-6　苹果绵蚜为害枝条

瘤（图2-7），叶柄被害后变成黑褐色，叶片早落。果实受害后发育不良，易脱落。侧根受害形成肿瘤，无法生长须根，并逐渐腐烂，影响水、肥吸收。导致树体衰弱，寿命缩短，结果少，果个小，着色差。由于虫体表面覆盖白色绵毛状蜡粉（图2-8），

图2-7　苹果绵蚜为害形成的肿瘤

因此树体有虫之处犹如覆盖一层白色棉絮。

〔形态特征〕

1）无翅孤雌蚜：体卵圆形，长1.7~2.2mm，黄褐色至赤褐色。腹部膨大，体表有大量白色绵状长蜡毛。

2）有翅孤雌蚜：体椭圆形，长1.7~2.0mm，头胸黑色，腹部橄榄绿色，全身被白粉，腹部有少量白色长蜡丝。

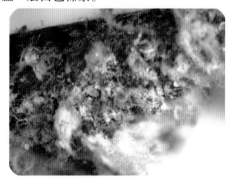

图2-8　苹果绵蚜虫体

〔发生特点〕　1年发生10余代，以无翅胎生成蚜及1~2龄若蚜在树干、枝条的伤疤处、剪锯口、粗皮裂缝、土表下根颈部与根蘖、根瘤皱褶及不定芽中越冬。第二年苹果发芽前后（日平均气温上升到8.4℃）开始活动取食，有翅蚜于5月下旬出现并向外扩散；5月下旬~7月上旬繁殖最旺盛；7~8月因绵蚜寄生蜂的迅速繁殖和大量寄生，苹果绵蚜的数量急剧减少；9月20日以后随着苹果秋梢的生长和寄生蜂的减少，苹果绵蚜数量又恢复增长，10月上旬为第二次发生高峰；11月后，苹果绵蚜进入越冬期。

[防治方法]

1）结合修剪，剪除虫枝。彻底刨除萌蘖，刮除虫疤。刮除枝干和剪锯口处的老翘皮，并将刮下的残渣带出园外集中烧毁或深埋，消除苹果绵蚜的生存环境。

2）根部施药。用10%吡虫啉可湿性粉剂2000倍液灌根，药液灌根量视苹果树大小而定，一般以水渗透到根系部位为宜，可以有效杀死寄生在根部的苹果绵蚜。先将根部周围的泥土刨开，灌药后覆土。

3）树上喷药。在苹果绵蚜发生季节，及时进行树上喷药，常用药剂有48%毒死蜱乳油1500倍液、10%吡虫啉可湿性粉剂4000倍液、3%啶虫脒乳油2000倍液。喷药时应均匀、周到、细致，药液里添加有机硅可提高防效。挂果树喷药时应注意苹果采摘的安全间隔期，做到果品质量安全和防治绵蚜两不误。

4）保护、利用自然天敌。苹果绵蚜的天敌有蚜小蜂、七星瓢虫、龟纹瓢虫、异色瓢虫、各类草蛉和食蚜蝇等，其中蚜小蜂发生期长、繁殖快、控制能力强。天敌大发生期，树上禁止喷洒广谱触杀性化学杀虫剂。

⚠ **注意** 对于苹果绵蚜发生严重的果园，应在采果后喷洒一遍毒死蜱进行防治。

4. 山楂叶螨（山楂红蜘蛛）>>>>

山楂叶螨又名山楂红蜘蛛。主要为害苹果、桃、梨、杏、樱桃、山楂、海棠，也为害核桃、榛子、橡树等。以成螨和若螨群集于叶片背面刺吸为害（图2-9），主要集中在主脉两侧。叶片受害后，表面出现黄色失绿斑点（图2-10），并逐渐扩大，叶片背面呈铁锈色。受害严重时，叶片呈灰褐色，焦枯以至脱落（图2-11）。该螨有吐丝结网的习性，丝网有利于螨虫扩散，能抵抗风吹和雨水冲刷。

[形态特征]

1）雌成螨：该螨分为冬型和夏型两种。冬型虫体枣核形，体

图 2-9 山楂叶螨为害叶片初期症状（背面）

图 2-10 山楂叶螨为害叶片初期症状（正面）

长 0.3～0.4mm，体色鲜红。夏型虫体椭圆形，体长 0.5～0.7mm，背部稍隆起，体色暗红（图 2-12）。两种类型的成螨背部均有刚毛 26 根，刚毛基部无瘤状突起。

2）雄成螨：个体小于雌螨，腹部末端尖削。体色初蜕皮时呈

图2-11　山楂叶螨为害叶片后期症状

浅黄绿色，后逐渐变成绿色及橙黄色，体背两侧有墨绿色斑纹。

3）卵：圆球形，橙黄或黄白色，表面光滑，有光泽（图2-12）。

4）幼螨：体圆形，黄白色，3对足。

5）若螨：体椭圆形（图2-12），黄绿色，4对足。

图2-12　山楂叶螨雌成螨、卵、若螨

【发生特点】山楂叶螨1年发生10代左右，以受精冬型雌成螨在果树主枝、主干的树皮裂缝内及老翘皮下越冬，在幼龄树上多集中在树干基部周围的土缝里越冬，也有部分在落叶、枯草或石块下面越冬。第二年，苹果树发芽时开始出蛰，先在下部内膛的芽上活动取食。越冬雌螨为害嫩叶 7～8 天后开始产卵,产卵高峰期在苹果谢花后。第 1 代螨发生较为整齐,是喷药防治的关键时期,以后各代重叠发生。麦收前后,该螨种群数量急剧增加,6～7 月为猖獗危害期。夏季降雨后,田间种群数量骤降,危害减轻。10 月中旬后,陆续进入越冬。

〔防治方法〕

1）人工防治。秋季落叶后,彻底清扫果园内落叶、清除杂草,集中处理。结合施基肥深耕翻土,消灭越冬成螨。早春在越冬雌成螨出蛰前,刮除树干上的老翘皮和粗皮,带出园外烧毁。

2）生物防治。首先保护自然天敌,叶螨的主要天敌有瓢虫类、花蝽类和捕食螨类等,这些天敌对控制害螨具有重要作用,因此果园应尽量少喷洒触杀性杀虫剂,以减轻对天敌昆虫的伤害。改善果园生态环境,在果树行间种植大豆、苜蓿等作物或自然生草,为天敌提供补充食料或栖息场所。在山楂叶螨发生初期,田间释放捕食螨、塔六点蓟马等天敌,购买后按说明书进行释放。

3）化学防治。苹果花芽萌动初期,用 5 波美度石硫合剂或机油乳剂 50 倍液喷洒干枝。谢花后 1 周,喷施长效杀螨剂,可使用 20% 四螨嗪悬浮剂 3000 倍液、5% 噻螨酮乳油 1500 倍液、24% 螺螨酯悬浮剂 4000 倍液或 1.8% 阿维螺螨酯悬浮剂 2000 倍液。成螨大量发生期,应叶面喷洒速效性杀螨剂,有效药剂为 15% 哒螨灵乳油 3000 倍液、5% 唑螨酯 3000 倍液、20% 三唑锡悬浮剂 1500 倍液、1.8% 阿维菌素乳油 4000 倍液、73% 克螨特乳油 3000～4000 倍液、43% 联苯肼酯悬浮剂 3000～5000 倍液等。

⚠️ **注意**　麦收前,树上一定要喷洒杀螨剂防治山楂叶螨,以控制其数量增长。

5. 苹果全爪螨（苹果红蜘蛛）＞＞＞＞

苹果全爪螨又名苹果红蜘蛛、榆全爪螨,广泛分布于国内外苹果产区。主要为害苹果、海棠、山荆子，被害叶片出现黄褐色失绿斑点，均匀分布（图2-13）。严重时叶片灰白，变硬、变脆，但一般不落叶。春季为害嫩芽，幼叶干黄、焦枯，严重影响展叶和开花。

图2-13 苹果全爪螨为害的叶片

〔形态特征〕

1）雌成螨（图2-14）：体椭圆形，体长0.34～0.45mm，体宽约0.29mm，背部隆起。体色深红，体表有横皱纹。体背有粗长的刚毛26根，刚毛基部有黄白色瘤状突起。4对足，黄白色。

2）雄成螨：体长约0.28mm，腹末较尖削。初脱皮时为橘黄色，取食后变为橘红色。

3）卵（图2-15、图2-16）：洋葱头形，顶端中央生有一短毛，卵壳表面密布纵纹。夏卵为橘红色，冬卵为深红色。

图2-14 苹果全爪螨成螨

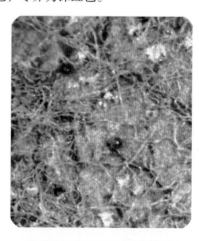

图2-15 苹果全爪螨夏卵

4）幼螨：近圆形，足 3 对，体毛明显。冬卵孵化的幼螨呈浅橘红色，取食后变为暗红色；夏卵孵化出的呈浅黄色，后渐变为橘红色以至暗绿色。

5）若螨：足 4 对，前期体色比幼螨深，后期可辨别雌、雄，雄螨体末尖削。

[发生特点] 苹果全爪螨在北方果区 1 年发生 6～7 代，以卵在短果枝、果苔和多年生枝条的分权、叶痕、芽轮及粗皮等处越冬。发生严重时，主枝、侧枝的背面、果实萼洼处均可见到冬卵。越冬卵于苹果花蕾膨大时开始孵化，晚熟品种盛花期为孵

图 2-16 苹果全爪螨冬卵

化盛期，终花期为孵化末期，花后一周大部分孵化，是树上喷药防治的关键时期。此后，逐渐出现世代重叠，7～8 月进入为害盛期。越冬卵于 8 月中旬开始出现，9 月底达到最高峰。高温干旱是其发生的有利条件，适生温度为 25～28℃，相对湿度为 40%～70%。幼螨、若螨和雄螨多在叶背取食活动，雌螨多在叶正面活动为害，无吐丝拉网习性。为害期多产卵在叶背主脉附近和近叶柄处，以及叶面主脉凹陷处。

[防治方法]

1）生物防治。参照"4. 山楂叶螨"。

2）药剂防治。苹果发芽前，用 5 波美度石硫合剂喷洒枝干。苹果开花前后，树上均匀喷洒 24% 螺螨酯悬浮剂 4000 倍液或 5% 噻螨酮（尼索朗）2000 倍液，6 月以后平均每叶活动态螨数达 5 头时，喷洒 15% 哒螨灵乳油 2500 倍液或 20% 三唑锡悬浮剂 2000 倍液、1.8% 阿维菌素乳油 4000 倍液、20% 吡螨胺水分散粒剂 2000～4000 倍、43% 联苯肼酯悬浮剂 3000～5000 倍液等。

⚠️ **注意**　开花前后喷洒杀卵、幼若螨的杀螨剂，对防治该螨至关重要。

6. 二斑叶螨（白蜘蛛） >>>>

二斑叶螨又名白蜘蛛、二点叶螨，属真螨目，叶螨科。20世纪90年代在我国开始发现，目前在全国都有分布。二斑叶螨的食性很杂，除为害苹果、草莓、樱桃、梨、桃、杏等多种果树外，还为害多种蔬菜、农作物、花卉、林木、杂草等。以幼、若、成螨刺吸为害果树叶片，被害叶初期仅在叶脉附近出现失绿斑点，以后逐渐扩大，叶片大面积失绿，使叶片呈灰白色或枯黄色细斑（图2-17）。螨口密度大时，被害叶片上结满丝网，叶片干枯脱落。

图2-17　二斑叶螨为害叶片症状
（上：叶片正面　下：叶片背面）

【形态特征】

1）雌成螨：身体椭圆形（图2-18），体长约0.5mm。体色黄绿，背部两侧各有1个黑褐色斑块。越冬型雌成螨鲜橙黄色，黑斑消失。

2）雄成螨：身体呈菱形，长约0.3mm，灰绿色或黄褐色。

3）卵：圆球形（图2-18），直径约0.1mm。初产时无色透明，以后变为浅黄色，有光泽。

4）幼螨：半球形，浅黄色或黄绿色，眼红色，3 对足。

5）若螨：椭圆形（图 2-18），黄绿色或深绿色，体侧有深绿色斑点，4 对足。

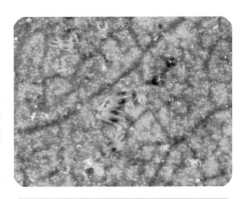

图 2-18　二斑叶螨的成螨、若螨、卵

〔发生特点〕　在北方苹果产区 1 年发生 12～15 代。以受精雌成螨在枝干粗皮下、裂缝内或在根际周围土缝、宿根杂草、落叶下群集越冬。春季气温达 10℃时，越冬雌螨开始出蛰活动并产卵。首先在果园内的春季杂草上繁殖为害，3 月中下旬达到出蛰盛期。4 月果树发芽后，即陆续上树为害，最初集中在树体内膛为害，6 月上中旬后数量急剧增加，扩散蔓延，6～7 月为猖獗为害期，有时可持续到 8 月中旬前后。该螨喜群集于叶背主脉附近为害，大发生或食料不足时常上千头群集于叶尖端成一虫团（图 2-19）。10 月后陆续出现越冬型个体，进入越冬场所。

图 2-19　二斑叶螨在叶片上聚集成的虫团

〔防治方法〕

1）人工防治。早春越冬雌螨出蛰前，刮除树干上的老翘皮，清除果园里的枯枝落叶和杂草，集中深埋或烧毁，消灭越冬雌成螨。春季及时中耕除草，特别要清除阔叶杂草，及时剪除树下根蘖，消灭其上的二斑叶螨。晚秋于树干上绑草把或塑料布，诱集越冬成螨潜伏，冬季解下烧毁。

2）生物防治。参照"4. 山楂叶螨"。

3）药剂防治。在越冬雌成螨出蛰期，喷洒20% 三唑锡悬浮剂1500 倍液，消灭在树上活动的越冬成螨。夏季发生初期，树上喷洒杀螨剂，可选用的药剂有1.8% 阿维菌素乳油4000 倍液、20% 三唑锡悬浮剂 1500 倍液、5% 唑螨酯乳油 2500 倍液、5% 噻螨酮乳油2000 倍液、24% 螺螨酯悬浮剂 4000 倍液、20% 吡螨胺水分散粒剂2000 ~ 4000 倍液。

⚠️ **注意**　喷药时要均匀周到，果树根蘖苗和地面杂草也需要同时喷药。哒螨灵对该螨无效。

7. 苹小卷叶蛾 >>>>

苹小卷叶蛾又名苹褐带卷蛾、远东苹果小卷叶蛾、茶小卷叶蛾、舔皮虫，属鳞翅目，卷蛾科。该虫在我国分布很广，绝大多数地区均有发生，主要为害苹果、桃、李、杏、海棠、樱桃、柑橘等果树，也为害茶树。常以幼虫为害叶片、花蕾，通过吐丝结网将叶片连在一起，造成卷叶（图 2-20、图 2-21），降低叶片光合作用。幼虫还

图 2-20　苹小卷叶蛾为害新梢

常在叶与果、果与果相贴处啃食果皮，呈小坑洼状（图 2-22）。

[形态特征]

1）成虫（图 2-23）：体长 7 ~ 9mm，全体黄褐色；前翅褐色，翅面上有 2 条深褐色不规则斜向条纹，自前缘向外缘伸出，外侧的

一条较细，双翅合拢后呈"V"字形斑纹。后翅呈浅黄褐色。

2）卵（图2-24）：扁椭圆形，数粒排成一块，呈鱼鳞状。初产卵浅黄色，半透明，近孵化时黑褐色。

3）幼虫（图2-25）：初孵化幼虫为墨绿色，随虫体长大逐渐变为黄色，再变成翠绿色。老龄幼虫体长13～15mm，头及前胸背板呈浅黄褐色，腹末臀栉6～8根。

4）蛹（图2-26）：体长9～11mm，黄褐色，腹部2～7节背面各有两横排刺突，前面一排较粗且稀，后面一排细小而密。

〔发生特点〕　该虫在宁夏、甘肃等地1年发生2代，在辽宁、河北、山东、陕西、山西、河南、江苏、安徽等地1年发生3～4代。以2龄幼虫在果树裂缝、翘皮下、剪锯伤口等缝隙内和黏附在树枝上的枯叶下结白色丝茧越冬（图2-27）。越冬幼虫于苹果树发芽时出蛰，先为害新梢、顶芽、嫩叶；幼虫稍大时将数个叶片缠缀

图2-21　苹小卷叶蛾为害花蕾症状

图2-22　苹小卷叶蛾为害果实

图2-23　苹小卷叶蛾成虫

在一起，形成虫苞。当虫苞叶片被取食完毕或叶片老化后，幼虫钻

出虫苞，寻找合适的新叶重新缠缀结苞为害。幼虫生性活泼，当虫苞受惊动时，会迅速爬出虫苞，吐丝下垂。幼虫老熟后在叶上虫苞或果叶贴合处化蛹。成虫多在 17∶00 左右羽化，白天常静伏在树上遮阴处，夜间活动交配产卵，喜欢在光滑的果面或叶片正面产卵。1 头雌虫可产卵 2~3 块，卵粒数量从几粒到 200 粒不等。初孵幼虫多在卵块附近的叶片背面、重叠的叶片间和果叶贴合处啃食叶肉和果皮。

图 2-24　苹小卷叶蛾卵块

图 2-25　苹小卷叶蛾老熟幼虫

〔防治方法〕

1）人工防治。春季苹果发芽前，彻底刮除主干、侧枝上的老翘皮，清除枝条上的残叶，集中烧毁或深埋。幼果期套专用纸袋，阻碍害虫为害果实。生长期及时摘除虫苞，将苞内幼虫和蛹捏死。

2）释放赤眼蜂。在第 1 代成虫发生期，利用松毛虫赤眼蜂防治。在果园里悬挂苹果小卷叶蛾性外激素诱捕器，诱到成虫后 3~5 天，即是成虫卵始期，立即开始第一次放蜂，每隔 5 天释放 1 次，连放 3~4 次，每亩果园放蜂 10 万头，遇连阴雨天气，应适当多放。

3）诱杀成虫。该成虫具有趋光、趋化性，可利用性诱芯或糖醋液诱杀成虫。糖醋液的比例为糖:酒:醋:水 = 1:1:4:16，每亩放置 3~5 个糖醋液罐。有条件的地区可以利用频振式杀虫灯、黑光灯诱杀成虫。国内有苹小卷叶蛾性诱芯出售，使用方法见其包装上的说明书。

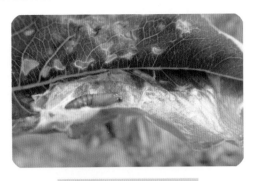

图 2-26　苹小卷叶蛾蛹

4）药剂防治。发生数量大的果园，在越冬幼虫即将出蛰时，在剪锯口周围涂抹 50% 敌敌畏乳油 200 倍液或 40% 毒死蜱乳油 400 倍液，杀灭幼虫，减少虫源。在越冬幼虫出蛰后及第一代初孵幼虫阶段，喷洒生物农药 Bt 乳剂（含芽孢 100 亿个/mL）1000 倍液；以后各代卵孵化盛期至卷叶以前，选用 2.5% 高效氯

图 2-27　苹小卷叶蛾在树上的枯叶内越冬

氰菊酯乳油 3000 倍液 + 1.8% 阿维菌素 5000 倍液或 25% 灭幼脲悬浮剂 2500 倍液、1.8% 阿维菌素乳油 4000 倍液、1% 甲维盐乳油 2000 倍液进行叶面喷雾。

8. 黑星麦蛾　>>>>

黑星麦蛾又名苹果黑星麦蛾、黑星卷叶芽蛾、黯星卷叶蛾，属鳞翅目，麦蛾科。主要为害桃、李、杏、樱桃、苹果、梨、海棠、山定子等。以幼虫卷叶为害（图 2-28），幼虫在新梢上吐丝结叶片

作巢，内有白色细长丝质通道，并夹有黑色虫粪，虫苞松散（图2-29）。严重时全树枝梢叶片受害，只剩叶脉和表皮，造成二次发芽，影响果树生长发育和次年开花结果。

〔形态特征〕

1）成虫：体长5~6mm，灰褐色，胸部背面及前翅黑褐色，前翅端部1/4处有1个浅色横带，

图2-28 黑星麦蛾为害新梢

从前缘横贯到后缘，翅中有3~4个黑色斑点，其中2个十分明显。后翅灰褐色。

2）卵：椭圆形，浅黄色，有珍珠光泽。

3）幼虫（图2-30）：老熟幼虫体长10~11mm，头部褐色，前胸背板黑褐色。腹部背面有几条黄白色和浅紫褐色纵条纹相间排列，腹面有2条乳黄色纵带。

4）蛹：长卵形，红褐色，比苹小卷叶蛾的蛹粗短。

图2-29 黑星麦蛾为害叶片

〔发生特点〕 1年发生3~4代，以蛹在树下杂草内越冬。春季果树萌芽时羽化为成虫，产卵于新梢顶部叶柄的基部，卵单粒或几粒成堆。4月中旬卵孵化为幼虫，取食嫩叶，幼虫稍大即吐丝将新梢顶部的多个叶片纵卷成筒状，1头或多头幼虫潜藏于内为害，啃食叶肉，留下表皮和网状叶脉。幼虫老熟后于被害卷叶内结茧化蛹。

〔防治方法〕

1）人工防治。果树休眠期，清除树下落叶和杂草，集中深埋或烧毁，消灭越冬蛹。生长季节，田间发现卷叶应及时摘除，捏死其内的幼虫。

2）药剂防治。成虫盛发期，树上喷洒25%灭幼脲悬浮剂2000倍液或4.5%高效氯氰菊酯乳油2000倍液。幼虫发生期，喷洒40%毒死蜱乳油1500倍液。

图2-30　黑星麦蛾幼虫

9. 金纹细蛾 >>>>

金纹细蛾又名苹果潜叶蛾，属鳞翅目，细蛾科。主要为害苹果，也为害沙果、海棠、山定子、山楂、梨、桃等。以幼虫潜食叶肉，形成虫斑（图2-31、图2-32），当一片叶有多个虫斑时，便可引起叶片脱落。所以，该虫发生严重时，可降低叶片光合作用，导致叶片提早脱落，阻碍树体和果实生长，甚至出现第二次开花。

〔形态特征〕

1）成虫（图2-33）：体长约2.5mm，金黄色。

图2-31　金纹细蛾虫斑（叶片正面）

图 2-32 金纹细蛾虫斑（叶片背面）

前翅狭长，黄褐色，翅端前缘及后缘各有 3 条白色和褐色相间的放射状条纹。后翅尖细，有长缘毛。

2）卵：扁椭圆形，长约 0.3mm，乳白色。

3）幼虫（图 2-34）：初孵幼虫乳白色，胸部较宽。老熟幼虫黄色，扁纺锤形，体长约 6mm。

4）蛹：体长约 4mm，黄褐色。

〔发生特点〕 1 年发生 4~6 代，以蛹在被害

图 2-33 金纹细蛾成虫

的落叶虫斑内越冬（图2-35）。第二年苹果发芽开绽期为越冬代成虫羽化盛期。成虫喜欢白天静伏，早晨或傍晚围绕树干附近飞舞，之后在树上进行交配。成虫产卵于叶片背面，单粒散产，卵期 7~10

天。幼虫孵化后从卵壳下直接钻入叶片内潜食叶肉，致使叶背面被害部位仅剩下表皮，叶正面表皮鼓起皱缩，外观呈泡囊状虫斑，幼虫潜伏其中继续取食，老熟后在斑内化蛹。成虫羽化时，蛹壳一半露在斑外（图2-36）。8月是全年中的大发生时期，如果防治不当，便可引起大量落叶。金纹细蛾的发生与品种和树体小气候密切相关，金冠、红星、青香蕉比较抗虫，新红星、富士和国光易受该虫危害。在空间分布上，树冠内膛虫量明显高于外围，树冠北面高于南面。

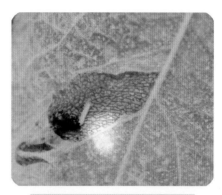

图 2-34　金纹细蛾老熟幼虫

图 2-35　金纹细蛾越冬的落叶

〔防治方法〕

1）人工防治。冬春扫净树下和果园附近的苹果落叶，焚烧或深埋，可有效杀死越冬蛹。

2）田间诱蛾。用金纹细蛾性诱剂诱杀雄成虫，降低交配概率和后代虫量。田间挂放可采用水盆式或三角形诱捕器，诱芯1个月更新1次。同时作为成

图 2-36　金纹细蛾羽化后的蛹壳

虫发生期测报，当田间诱蛾数量增加时，便可喷洒防治药剂。

3）药剂防治。发生严重的果园应重点抓第1、2代幼虫防治。可选用20%灭幼脲1号（除虫脲）悬浮剂3000～6000倍液或20%氟铃脲胶悬剂4000～8000倍液、5%抑太保乳油2000～3000倍液、2.5%功夫菊酯乳油1500～2000倍液均匀喷洒叶片，一定要叶片背面着药。

⚠️ **注意** 由于该虫潜叶为害，药剂不便接触幼虫。因此，卵期是喷药防治潜叶蛾的关键时期。

10. 黄刺蛾 >>>>

黄刺蛾俗名洋辣子、八角虫、八甲子，属鳞翅目、刺蛾科。食性很杂，以幼虫为害果树叶片，可以为害苹果、桃、李、杏、樱桃、枣、酸枣、梨、山楂、梅、板栗、柑橘、石榴、核桃、柿等果树，也为害多种林木和花卉。初孵幼虫群集于叶背取食叶肉，形成网状透明斑。幼虫长大后分散开取食，将叶片食成缺刻（图2-37）或将全叶吃光仅剩叶脉。

图2-37 黄刺蛾初孵幼虫为害的叶片

〔形态特征〕

1）成虫（图2-38）：虫体黄色，体长13～16mm，翅展30～40mm。前翅基部为黄色并有2个深褐色斑点，翅末端浅褐色，前后之间有两条暗褐色斜线，在翅尖上汇合于一点，呈倒"V"字形。后翅黄褐色。

2）卵：扁椭圆形，长1.5mm，表面有龟纹状刻纹。初产时黄

白色，后变成黑褐色。常数十粒
在一起呈不规则块状。

　　3）幼虫（图2-39、图2-40）：
老熟幼虫体呈方形，黄绿色，体
长19～25mm，背面有一个紫褐
色哑铃形大斑。各节有4个枝
刺，以腹部第一节上的枝刺
最大。

　　4）蛹：长13mm，椭圆形，
黄褐色，表面有深褐色齿刺。

　　5）茧：卵圆形，灰白色，
形状似雀蛋。茧壳坚硬，表面有
灰白色不规则纵条纹。

　　〔发生特点〕黄刺蛾在辽
宁、陕西、河北等省的北部1年

图 2-38　黄刺蛾成虫

发生1代，在北京、河北的中部及山东、河北、江苏、安徽等省1
年发生2代。以老熟幼
虫在树枝上结茧越冬
（图2-41、图2-42）。1
代区6月上中旬越冬幼
虫开始在茧内化蛹，蛹
期约半个月，6月中
旬～7月中旬为成虫发
生高峰期。幼虫发生期
为6月下旬～8月下旬。
2代区5月上旬幼虫开始
化蛹，5月下旬～6月上

图 2-39　黄刺蛾低龄幼虫

旬羽化（图2-43），第1代幼虫6月中旬～7月上中旬发生，第2代
幼虫在8月上中旬达到为害盛期。8月下旬幼虫陆续老熟结茧越冬。
成虫夜间活动，有趋光性。雌蛾产卵于叶片背面，卵期7～10天。
初孵幼虫先食卵壳，然后群集于叶背取食叶肉。长大后分散开蚕食全叶仅留叶脉。

图 2-40　黄刺蛾老熟幼虫

图 2-41　黄刺蛾越冬茧

图 2-42　黄刺蛾越冬幼虫

图 2-43　黄刺蛾羽化后的茧壳

〔防治方法〕

1）人工防治。结合冬季修剪，用剪刀刺伤枝条上的越冬茧。幼虫发生期，田间发现后及时摘除虫枝、虫叶，灭杀幼虫。

2）生物防治。黄刺蛾的寄生蜂有上海青蜂、刺蛾广肩小蜂、姬蜂。被寄生的虫茧上端有一个寄生蜂产卵时留下的小孔（图2-44），容易识别。春季，将采下的寄生蜂虫茧悬挂在果园内，使羽化后的寄生蜂飞出，重新寄生刺蛾幼虫。

3）化学防治。该虫发生数量少时，一般不需专门进行化学防治，可在防治梨小食心虫、潜叶蛾、卷叶虫时兼治。

图2-44　被寄生的黄刺蛾虫茧

刺蛾低龄幼虫不抗药，喷洒常用菊酯类杀虫剂均能防治。

11. 舟形毛虫 >>>>

舟形毛虫又名苹果舟形毛虫、苹掌舟蛾、苹果天社蛾、举尾毛虫、举肢毛虫、秋黏虫，属鳞翅目，舟蛾科。在国内大多数省份分布，主要为害苹果、梨、桃、李、杏、梅、山楂、核桃、板栗等果树及多种阔叶树。以幼虫群集于叶片背面，将叶片食成半透明纱网状。高龄幼虫蚕食叶片，残留叶脉和叶柄。常将全树叶片吃光（图2-45），轻则严重削弱树势，重则死树。

图2-45　舟形毛虫幼虫和为害状

〔形态特征〕

1）成虫（图2-46）：虫体黄白色，体长约25mm。前翅黄白色，翅外缘有 6 个紫黑色新月形斑纹，排成一列，翅中部有浅黄色波浪状线 4 条，翅基部有 1 个椭圆形斑纹。后翅浅黄白色，外缘处杂有褐色斑纹。

2）卵：圆球形，直径约 1mm。初产时浅绿色，近孵化时灰色。卵粒整齐排列成块状。

图 2-46　舟形毛虫成虫

3）幼虫（图 2-47）：老熟幼虫体长 50mm 左右。头黑色，有光泽，胸部背面紫褐色，腹面紫红色。体两侧各有黄色至橙黄色纵条纹 3 条，各体节有黄色长毛丛。静止时头尾两端翘起似叶舟，故有舟形毛虫之称。

4）蛹：体长约 23mm，暗红褐色，全体密布刻点。

〔发生特点〕　1 年发生 1 代。以蛹在果树根部附近的土层内越冬。第二年 7 月上旬～8 月上旬成虫羽化，7 月中下旬为羽化盛期。

图 2-47　舟形毛虫老熟幼虫

成虫白天隐蔽在树叶或杂草中，晚上活动交尾，有趋光性。成虫产卵于叶片上，几十粒排成 1 块。初孵幼虫群集在一起排列整齐，头朝同一方向，白天多静伏休息，早晚取食。幼虫受震动吐丝下垂，但仍可爬回原来位置继续为害（图 2-48）。幼虫发生期为 8～9 月，故又称"秋黏虫"。9 月下旬～10 月上旬，老熟幼虫入土化蛹越冬。

〔防治方法〕

1）人工防治。冬季或早春翻树盘，将土中越冬蛹翻于地表，使其冻死或被风吹干。在幼虫未分散前，及时剪掉群居幼虫的叶片，或振动树枝，使幼虫吐丝下坠到地面，集中灭杀。

2）生物防治。卵发生期，果园释放卵寄生蜂如赤眼蜂等。幼虫期喷含活孢子100亿/g的青虫菌粉800倍液或BT乳剂（100亿个芽孢/ml）1000倍液。

3）药剂防治。在虫口密度大时需要喷药防治，争取在低龄幼虫期喷药。有效杀虫剂为20%氰戊菊

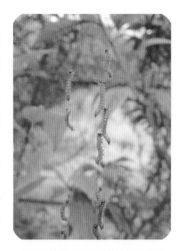

图2-48　舟形毛虫低龄幼虫吐丝下垂

酯乳油或2.5%溴氰菊酯乳油2000倍液或30%阿维灭幼脲乳油3000倍液。

4）灯光诱杀。因舟形毛虫的成虫具强烈的趋光性，可在7～8月成虫羽化期设置黑光灯诱杀成虫。

⚠ **注意**　该虫一般点片聚集发生，田间发现个别树上有幼虫时，可以单株喷药挑治。该虫抗药性低，一般杀鳞翅目害虫的药剂都对该虫有效。

12. 梨冠网蝽 >>>>

梨冠网蝽又名军配虫、梨网蝽。可为害苹果、梨、花红、海棠、山楂、桃、李、杏、樱桃等多种果树。以成虫和若虫群集于叶背主脉附近刺吸汁液，被害处叶片正面呈现黄白色斑点，最后连成白色斑块（图2-49），其排泄的粪便和产卵时留下的黑点使叶片背面呈锈黄色（图2-50）。大量发生时，可引起叶片早期脱落，影响树势和花芽形成。

〔形态特征〕

1) 成虫（图2-51）：体呈扁平形，体长3.5mm。体色暗褐色，头部红褐色。触角丝状，浅黄褐色。前胸背板呈三角形，黄褐色，两侧缘及背中央各具一耳状突。前翅宽大、透明，翅脉网纹状，两翅合拢时，翅面黑褐色斑纹常呈"X"形。

2) 卵：长椭圆浅黄色，透明，初产卵浅绿色。

图2-49　梨冠网蝽为害状（叶片正面）

3) 若虫：初孵幼虫乳白色，近透明，后变为浅绿色至深褐色（图2-52）。3龄虫翅芽明显可见，腹侧及后缘有1圈黄褐色刺状突。老熟若虫头部、胸部、腹部均具刺突。

〔发生特点〕　在北方果区1年发生3~4代。以成虫在枯枝落叶、枝干翘皮裂缝、杂草下、土缝、石缝

图2-50　梨冠网蝽为害状（叶片背面）

中越冬。第二年4月上中旬开始陆续出来活动，飞到寄主叶片背面

取食为害，并进行产卵繁殖。5月中旬后，卵孵化，并逐渐出现各虫态。以7~8月对果树的为害最重。成虫产卵于叶背面主脉旁的叶肉内，卵上覆盖有黑色胶状物。初孵若虫活动性差，喜群集，2龄后逐渐扩散。10月中下旬后，成虫逐渐进入越冬场所。

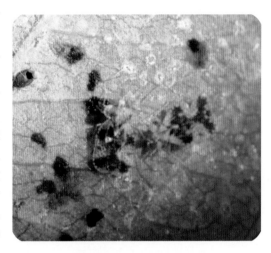

图 2-51　梨冠网蝽成虫

〔防治方法〕

1）人工防治。成虫春季出蛰活动前，彻底清除果园内及附近的杂草和枯枝落叶，集中烧毁或深埋，消灭越冬成虫。

2）化学防治。发生数量少时，可结合防治蚜虫和其他蝽象等害虫一起喷药防治。发生数量大时，再单独喷

图 2-52　梨冠网蝽初孵化幼虫

药防治，选用药剂同蚜虫和茶翅蝽。

13. 梨小食心虫 >>>>

梨小食心虫又名东方蛀果蛾、桃折心虫，简称"梨小"，俗称"打梢虫"，属鳞翅目，卷蛾科。在国内外广泛分布，为害苹果、梨、桃、李、樱桃、杏、沙果、山楂、枣、海棠等果树。以幼虫钻蛀为害果树新梢和果实，在苹果上主要为害果实（图2-53、图2-54）。目前，由于果实套袋阻碍了桃小食心虫为害果实，导致梨小食心虫在苹果园的发生程度重于桃小食心虫。嫩梢受害后很快枯萎，幼虫就转移到另一嫩梢上为害，每个幼虫可食害3～4个新梢（图2-55）。

图2-53 梨小食心虫为害果实萼部

图2-54 梨小食心虫为害果实症状

〔形态特征〕

1）成虫（图2-56）：体长4.6～6.0mm，翅展10.6～15.0mm。虫体灰褐色，无光泽。前翅深灰褐色，翅前缘上有10组白色短斜纹，近外缘处约有10个黑斑，翅面中央有1个小白点。后翅浅灰褐色。

2）卵：扁椭圆形，初产时乳白色半透明，后变为浅黄白色。

3）幼虫（图2-57、图2-58）：老熟幼虫体长10～13mm，头部黄褐色，体背面粉红色，腹面色浅。低龄幼虫体白色，头及前胸背板黑色。

4）蛹：黄褐色，长 7～8mm。

5）茧：长椭圆形，长约 10mm，白色丝质。

〔发生特点〕发生代数因各地气候不同而异。华南地区1年发生 6～7 代，华北地区 1 年发生 3～4 代。以老熟幼虫在果树枝干缝隙、主干根颈周围表土、堆果场所等处结茧越冬。第二年 3 月下旬～4 月上中旬化蛹，4 月中旬～6 月中旬为越冬代成虫发生期。成虫白天静伏，傍晚和夜间活动并产卵。卵产于新梢靠近上端的叶

图 2-55　梨小食心虫为害新梢

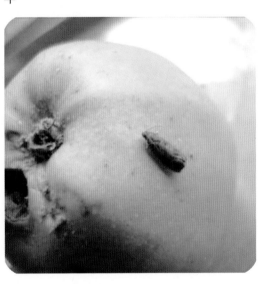

图 2-56　梨小食心虫成虫

片、叶柄或接近成熟的苹果果面。该虫在桃、苹果、梨混栽区，第 1、2 代虫主要为害桃梢，第 3、4 代虫主要为害苹果和梨的果实。对于套纸袋的苹果，梨小食心虫则在摘袋后产卵为害。

〔防治方法〕

1）人工防治。在冬春季刮除老粗皮、翘皮下的越冬幼虫。生长期间及时摘除受害果实、新梢，集中处理。越冬幼虫脱果以前，在主枝、主干上束草把诱集脱果幼虫，晚秋或早春取下烧掉。

2）诱杀成虫。4~9月间，在果园使用梨小食心虫性诱剂诱杀雄成虫，或使用迷向剂干扰成虫交配，降低后代数量。还可以使用糖醋液诱杀成虫。

3）药剂防治。喷药防治应在成虫产卵期和幼虫孵化期进行。当果园蛀梢率达0.5%~1%时喷药。有效药剂为20%氰戊菊酯乳

图 2-57　梨小食心虫幼虫

图 2-58　梨小食心虫蛀梢幼虫

油2500倍液、25%灭幼脲悬浮剂2500倍液、2.5%高效氯氟氢菊酯乳油1500~3000倍液。

14. 桃小食心虫 >>>>

桃小食心虫简称"桃小"，又名桃蛀果蛾，俗称"钻心虫"，属鳞翅目、蛀果蛾科。桃小食心虫广泛分布于全国各大枣区和苹果、山楂等产区。主要为害苹果、枣、山楂等。以幼虫在苹果果实内蛀食为害，被害果内充满虫粪，提前变红、脱落（图2-59、图2-60），严重影响苹果的产量和品质。

【形态特征】

1）成虫（图2-61）：前翅前缘中部有 1 个蓝黑色三角形大斑。后翅灰白色。

2）卵（图2-62）：椭圆形，深红色。卵壳上有许多刻纹，顶部环生 2～3 圈"Y"状毛刺。

3）幼虫（图2-63）：老熟幼虫体长 13～16mm，桃红色，头褐色，前胸背板暗褐色。与梨小食心虫幼虫比较，桃小食心虫幼虫的体色较红，体形稍粗，体壁上的毛瘤较大。

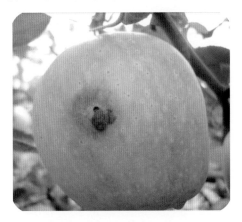

图2-59　桃小食心虫脱果孔

图2-60　桃小食心虫为害引起的落果

65

图 2-61　桃小食心虫夏茧和成虫

图 2-62　桃小食心虫卵（室内饲养产卵）

4）蛹：体长 6～8mm，浅黄色至褐色。外包一层土黄色丝质夏茧。

5）茧：分冬茧和夏茧。冬茧，扁圆形，茧丝紧密（图2-64）；夏茧，纺锤形，质地疏松（图2-61）。

【发生特点】　在中国北方果区 1 年发生 1～2 代，南方 3 代。以老熟幼虫在 1～15cm 深的土层中结扁圆形冬茧越冬（图2-64），3～8cm 深处最多。越冬幼虫的平面分布范围主要在树干周围 1m 以内。第二年 4 月中旬（北方 5 月上旬）左右，

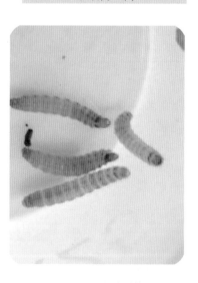

图 2-63　桃小食心虫老熟幼虫

降雨或浇水后，幼虫开始破茧出土，在树干基部附近的土缝、石缝或杂草根际处吐丝，结纺锤形夏茧，幼虫在茧内化蛹。越冬幼虫出土时间持续很长，可一直延续到7月中旬，但5月上中旬为出土盛期。幼虫出土时间的早晚、数量多少

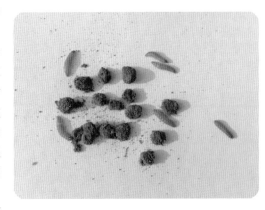

图2-64　桃小食心虫越冬幼虫和冬茧

与5～6月的降雨关系密切：降雨早，则出土早，雨量充沛且集中，则出土快而整齐；反之，雨量小，降雨分散，则出土晚而不整齐。6月下旬～7月上旬为越冬代成虫发生盛期。成虫白天潜伏于枝干、树叶及草丛等背阴处，日落后开始活动，交尾产卵。卵多产于苹果萼洼处，卵期6～7天，幼虫孵出后多从苹果中部蛀入（图2-65）。幼虫蛀果后，由果皮逐渐向内潜食，在果核周围取食，排泄的粪便堆积在果心内。幼虫期15～20天，老熟后从果实内钻出（脱果）入土结茧，果面上留下1个圆形脱果孔（图2-59）。7月下旬～

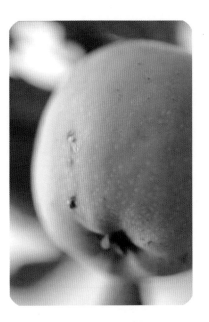

图2-65　桃小食心虫蛀果孔

8月上中旬为第1代幼虫盛发期，8月中下旬～9月上旬为第2代幼虫盛发期。不同品种的苹果受害程度不同，金帅苹果受害较重。

〖防治方法〗

1）人工防治。田间及时拣拾落果，集中处理，防止幼虫从果内爬出钻入土壤内。越冬成虫发生前，树下覆盖地膜，阻碍成虫出来上树产卵。苹果小幼果期套袋保护，阻止桃小食心虫产卵于苹果上。

2）生物防治。桃小食心虫的寄生性天敌有昆虫病原线虫、白僵菌、绿僵菌、中国齿腿姬蜂和甲腹茧蜂等。5～9月间，当桃小食心虫幼虫栖居在土壤中时，可用昆虫病原线虫或白僵菌悬浮液泼浇树冠下的土壤，使其寄生桃小食心虫幼虫。

3）药剂防治。喷药前必须做好虫情测报。6月初，开始在苹果园悬挂桃小食心虫性诱芯，当田间连续3天诱到越冬代成虫时，即进行树上喷药防治，1周后再喷洒第2次药。第2代防治则根据诱蛾高峰期进行，一般在高峰期后第2天树上喷药防治。选用的药剂为2.5%敌杀死乳油或20%杀灭菊酯乳油1500～2000倍液，或35%氯虫苯甲酰胺水分散粒剂8000倍液。

⚠ **注意**　果实套袋防治桃小食心虫最有效，一定要在6月中旬前全部套完。

15. 茶翅蝽 >>>>

茶翅蝽又名臭木蝽象、臭蝽象、臭大姐等，属半翅目，蝽科。国内目前除新疆、西藏、宁夏、青海外，其他各省、区均有分布。可为害苹果、梨、桃、杏、樱桃、枣、核桃等多种果树。以成虫和若虫吸食叶、嫩梢及果实汁液，果实受害部位生长缓慢，果肉组织木栓化、变硬，果面凹凸不平，形成畸形果（图2-66、图2-67）。

〖形态特征〗

1）成虫（图2-68）：虫体椭圆形，扁平状，体长约15mm，宽约8mm，茶褐色。前胸背板、小盾片和前翅革质部有黑褐色刻点，

前胸背板前缘横列 4
个黄褐色小点，小盾
片基部横列 5 个小黄
点，腹部两侧各节间
均有 1 个黑斑。

2）卵（图 2-69）：
短圆筒形，高 1mm
左右，有假卵盖，
卵壳表面光滑
（图 2-70）。初产时
灰白色，孵化前变成
黑褐色，20～30 粒排
成一块。

3）若虫：初孵
化虫近圆形，头胸
部深褐色，腹部黄白
色（图 2-70）。长大
后变成黑褐色，腹部
浅橙黄色，各腹节两
侧节间有 1 长方形黑
斑，共 8 对；老熟若
虫与成虫相似，无
翅，腹部背面有 6 个
黄色斑点，触角和足
上有黄白色环斑
（图 2-71）。

图 2-66 茶翅蝽为害状

图 2-67 茶翅蝽为害的果实

［发生特点］ 茶
翅蝽 1 年发生 1～2 代，
以成虫在果园附近的
建筑物缝隙、土缝、石缝、树洞内越冬。第二年 4 月上旬开始出蛰
活动，6 月产卵于叶背。6 月中下旬为卵孵化盛期，初孵若虫喜群集

于卵块附近，而后逐渐分散，8 月中旬发育为成虫。9 月下旬成虫陆续进入越冬场所。成虫和若虫受到惊扰或触动时，即分泌臭液，并迅速逃跑。成虫寿命很长，越冬代成虫平均寿命 301 天，所以能长期为害果实。

[防治方法]

1）人工防治。秋冬季节，在果园附近的建筑物内，尤其是屋檐下常聚集大量成虫，在其上爬行或静伏，可进行人工捕杀。在越冬成虫为害前实施果实套纸袋。成虫产卵期查找卵块摘除。

图 2-68　茶翅蝽成虫

2）生物防治。茶翅蝽天敌有沟卵蜂、角槽黑卵蜂、蝽卵金小蜂、平腹小蜂、蝽卵跳小蜂、小花蝽、蠋蝽、三突花蛛等。其中平腹小蜂可以人工繁殖，可到生产单位购买后于茶翅蝽卵期释放。

图 2-69　茶翅蝽卵

3）药剂防治。在成虫越冬期，将果园附近空屋密封，用"741"烟雾剂加 3 倍的锯末点燃进行熏杀。成、若虫发生为害期，树上喷洒 4.5% 高效氯氰菊酯乳油 1500 ~ 2000 倍液或 40.7% 毒死蜱乳油 1000 ~ 1200 倍液、20% 甲氰菊酯乳油 1000 ~ 2000 倍液。

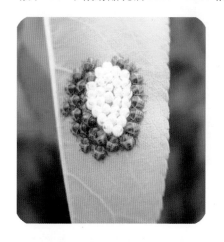

图 2-70　茶翅蝽卵壳和初孵幼虫　　　图 2-71　茶翅蝽若虫

16. 麻皮蝽 >>>>

　　麻皮蝽又名黄斑蝽、臭大姐、臭屁虫。属半翅目，蝽科。可为害苹果、桃、梨、枣、葡萄、柿等多种果树及林木。以成虫和若虫刺吸为害果实、枝条和叶片，果实被害处果肉木栓化、坚硬形成凹陷硬斑（图 2-72、图 2-73）。茎叶被害处产生黄褐色斑。

图 2-72　麻皮蝽为害果实症状

71

〔形态特征〕

1）成虫（图2-74）：体型同茶翅蝽，但个体较大。体长 18 ~ 25mm，宽 10 ~ 11.5mm，体色棕黑，全身密布不规则的黄色细碎斑纹。头部前端至小盾片基部有一条明显的黄白色纵线。前翅棕褐色，除中央部分外，也具有许多黄白色斑纹。触角丝状，黑色，第 5 节基部黄白色。

图 2-73　受害果肉木栓化

2）卵（图2-74）：黄白色，近鼓状，高约2mm，卵壳表面有网纹，有假卵盖。常 12 ~ 13 粒排列成块。

3）若虫（图2-75）：初孵若虫胸腹部有许多红、黄、黑相间的横纹。2 龄若虫腹背有 6 个红黄色斑点。老龄若虫体黑褐色，头至小盾片有一黄白色纵纹，胸背有 4 个浅红色斑点，腹部背面中央具纵列暗色大斑 3 个。

图 2-74　麻皮蝽成虫和卵

图 2-75　麻皮蝽若虫

〔发生特点〕

北方地区 1 年发生 1 代，南方 2 代。以成虫在屋檐下、墙缝内、石洞及树皮缝内越冬。春季树体萌芽时开始出来上树为害。5 ~ 7 月越冬成虫产卵于叶片背面，卵期 10 天左右。5 月下旬可见初孵若虫群集于卵块周围，以后随虫体长大逐渐分散为害。7 ~ 8 月发育为成虫，10 月成虫陆续潜入越冬场所。

〔防治方法〕　参照"15. 茶翅蝽"。

17. 康氏粉蚧 >>>>

康氏粉蚧又名梨粉蚧、李粉蚧、桑粉蚧，属于同翅目，粉蚧科。广泛分布于国内，主要为害苹果、葡萄、梨、桃、橘、柚、橙、荔枝等多种果树和林木，也为害玉米、高粱、瓜类、艾、樟等植物。在果品生产不套袋时期，该虫在北方果区很少发生为害。随着果品套袋技术的推广，发生程度不断加重，以套纸袋的果实受害最重。

康氏粉蚧以成虫和若虫吸食寄主汁液。果实套袋前，康氏粉蚧主要为害果树嫩芽和嫩梢，造成叶片扭曲、肿胀、皱缩，致使枝枯。套袋后该虫钻入袋内，群居在果

图 2-76　康氏粉蚧为害果实症状

实萼洼和梗洼处取食（图 2-76、图 2-77），被害组织坏死，呈现很多黑点或黑斑，甚至果实腐烂。同时，虫体分泌白色蜡粉污染果实，影响外观品质。

〔形态特征〕

1）雌成虫：虫体椭圆形，扁平状，体长 3 ~ 5mm。身体粉红

73

色，外被白色蜡质分泌物，虫体边缘有 17 对白色蜡刺，尾端 1 对特长。

2）卵：浅橙黄色，椭圆形，长约 0.3mm。数十粒卵包裹在卵囊内，卵囊为白色棉絮状物。

3）若虫：外形似雌成虫体，长约 0.4mm，浅黄色。

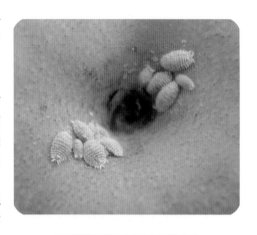

图 2-77　康氏粉蚧虫体

〔发生特点〕　北方地区 1 年发生 3 代，以卵和若虫在树干粗皮裂缝、散落在果园的套袋病虫果、果树根际周围的杂草、土块、落叶等隐蔽场所越冬。苹果树发芽时，越冬卵开始孵化和若虫出蛰活动，第 1、2、3 代若虫的发生盛期分别在 5 月中下旬、7 月中旬和 8 月下旬。9 月下旬最后 1 代成虫羽化，交配后到越冬场所产卵，个别若虫和受精雌虫直接进入越冬。

该虫喜欢在阴暗潮湿处活动，果袋内是其繁殖为害的良好场所。所以在套袋、树冠郁闭、光照差的果园发生较重，树冠中下部及内膛发生重。繁殖速度快，每头雌虫可产卵 200～400 粒，初孵幼虫有聚集习性，5～7 天后分散为害。

〔防治方法〕

1）人工防治。冬季结合清园细致地刮除枝干上的老翘皮，清理旧纸袋、病虫果、残叶及干伤锯口，压低越冬基数。果实套袋时，用细铁丝扎紧袋口，阻止康氏粉蚧进入袋内为害果实。

2）药剂防治。花序分离期树上喷洒 25% 敌杀死乳油或 20% 氰戊菊酯（速灭杀丁）乳油 2000 倍液，消灭刚上树取食的若虫；果实套袋前，此时正值第 1 代卵孵化盛期，幼虫聚集在一起尚未扩散，可选用 48% 毒死蜱（乐斯本）乳油 1200～1500 倍液喷雾防治，药后立即套袋。全园套完袋后，再喷洒一遍杀虫剂，防治残存的活虫，严防有虫爬进袋内。同时，可兼治蚜虫、卷叶虫、潜叶蛾、其他介壳虫等。

> ⚠ **注意**　康氏粉蚧一旦钻入果袋内，很难防治。所以袋口一定要扎严，并在套袋前、后及时均匀喷洒杀虫剂，基本可以控制其为害苹果。

18. 朝鲜球蜡蚧 >>>>

朝鲜球蜡蚧又名桃球蚧、桃球坚蚧、杏球坚蚧、杏虱子，属同翅目，坚蚧科。主要为害苹果、桃、杏、李、樱桃等。以若虫及雌成虫群集固着在枝干上吸食汁液，导致树体和枝干生长衰弱，严重时枯死。

〔形态特征〕

1）成虫（图2-78、图2-79）：雌虫介壳半球形，红褐至黑褐色，直径约4mm，表面有皱状小刻点。

2）卵（图2-80）：椭圆形，长约0.3mm，橙黄色，卵壳表面有白色蜡粉。

3）若虫：初孵若虫体长约0.5mm，浅粉红色，腹部末端有两条细长尾丝。越冬后的若虫浅褐色，尾毛消失，蜡壳灰白色。

〔发生特点〕　1年发生1代，以覆有蜡壳的2龄若虫在小枝条上

图2-78　朝鲜球蜡蚧雌虫体成熟蜡壳

越冬。苹果树萌芽时开始活动，爬到枝条上群集，固着于枝条上刺吸为害。4月下旬～5月上旬为害最盛。雌虫背部逐渐膨大成半球形介壳，与雄成虫交配后产卵于介壳下，产卵盛期为5月中旬，每雌产卵达1000粒。5月底卵孵化，6月上旬初孵若虫从母体介壳下爬出，分散到枝条上固着为害，并分泌蜡质。10月上旬陆续进入越冬。

图2-79　朝鲜球蜡蚧雌虫体

[防治方法]

1）人工防治。冬春结合修剪，剪除虫枝。雌虫膨大期采用人工刷除或捏杀虫体减少虫源。

2）生物防治。朝鲜球蜡蚧的主要天敌有黑缘红瓢虫和寄生蜂，注意保护利用。

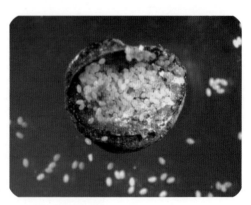

图2-80　朝鲜球蜡蚧卵

3）药剂防治。芽膨大期，用5波美度石硫合剂或含油量为4%～5%的机油乳剂喷洒枝干。卵孵化后初孵若虫爬行期喷药防治，用2.5%敌杀死乳油3000～4000倍液或20%氰戊菊酯（速灭杀丁）乳油2000～2500倍液，重点喷洒枝干。

⚠️ **注意**　介壳虫的蜡壳光滑坚硬，药剂不容易附着和渗入，喷洒杀虫剂时添加适量农药渗透剂（如有机硅、餐洗净），可提高药剂防治效果。

19. 草履蚧 >>>>

草履蚧又名草履硕蚧、草鞋蚧壳虫，属同翅目，硕蚧科。在我国广泛分布，可为害苹果、桃、樱桃、梨、柿、核桃、枣等多种果树。以雌成虫和若虫群集于枝干和嫩芽上吸食汁液（图2-81），导致树势衰弱，发芽推迟，叶片变黄，严重时引起早期落叶、落果，甚至枝梢或整枝枯死。

图2-81　草履蚧若虫

〔形态特征〕

1）成虫（图2-82）：雌成虫无翅，扁椭圆形，体长10mm左右，状似鞋底，故名草履蚧。体色黄褐色至红褐色，外周浅黄色，足黑色；背面隆起，腹部肥大；触角鞭状。雄成虫有翅，体长约5mm；头及胸部黑色，腹部深紫色；翅浅黑色，上有两条白色绒状条纹；触角鞭状。

2）卵：黄红色，扁球形，直径1mm左右。卵粒包裹在卵囊内，卵囊为白色棉絮状物。

3）若虫：与雌成虫体型相似，但体小、色深。

〔发生特点〕草履蚧1年发生1代，以卵在树干基部附近的土壤内越冬。在山西、陕西等地，越冬卵于春节后开始孵化。孵化出的若虫先停留在卵囊内，待苹果树芽萌动后，开始上树为害。一般2月底若虫开始上树，3月中旬为上树盛期，4～5月取食为害最重。若虫上树多集中于10：00～14：00，顺树干向上爬至嫩枝、幼芽、叶片等处吸食为害，虫体较大后则在较粗的枝上为害。1龄若虫为害期长达60天，经2次脱皮后雌、雄虫分化。雄若虫脱3次后下树化蛹，5月上旬羽化为成虫上树与雌虫交尾（图2-83）。交尾后的雌成虫继续在树上为害，5月中旬陆续下树入土，分泌卵囊产卵。每头雌成虫产卵50～70粒，以卵越夏越冬。

图2-82　草履蚧雌成虫

〔防治方法〕

1）农业防治。冬季结合整地、施基肥，人工深挖树盘将越冬卵囊翻入深土中。5月中旬即雌虫产卵期，在主干周围挖坑，填入杂草和树叶，诱集成虫产卵，然后收集烧毁。

图2-83　草履蚧雌雄虫交配

2）物理防治。春节过后，刮除树干基部老皮，然后涂抹宽约10cm的粘虫胶环粘杀初孵若虫。粘虫胶可利用废机油1kg加入沥青1kg，溶化混匀后使用。隔10～15天涂抹1次，共涂抹2～3次。注意及时清除胶上的若虫，集中处理。

3）药剂防治。草履蚧发生严重的果园，在若虫上树后，及时对果树的主干或枝条进行喷药，7～10天喷一次，连喷2～3次。药剂选用参照"18. 朝鲜球坚蚧"。

20. 黑蚱蝉 >>>>

黑蚱蝉又名蚱蝉、知了，俗名知了龟、知了猴、马肚了等，属同翅目，蝉科。能为害多种果树、林木。以雌成虫在当年生枝梢上刺穴产卵，使枝梢皮下木质部呈斜线状裂口，严重影响水分和养分的输送，导致上部枝梢枯干死亡（图2-84、图2-85）。

图2-84 黑蚱蝉产卵刺痕

〔形态特征〕

1）成虫（图2-86）：体长40～48mm，全体黑色，有光泽。头部前缘及额顶各有黄褐色斑一块。中胸背面宽大，中央高突，有"X"形突起。前后翅透明，基部翅脉金黄色。仅雄虫有鸣器，雌虫产卵器明显。

2）卵（图2-87）：长椭圆形，长约2.5mm，乳白色，有光泽。

图2-85 被黑蚱蝉为害的枝条

3）若虫（图2-88）：黄褐色，有光泽，具翅芽，前足发达，有齿刺。

〔发生特点〕 4～5年完成1代，以卵在被害枝条内或以若虫在土壤深层越冬。越冬卵于6月中下旬开始孵化，7月初结束。夏季夜晚，老龄若虫从土壤中爬出地面，出土盛期为21：00～22：00，并在地面留下圆形孔洞。若虫沿树干向上爬行，并于当晚在树上蜕皮羽化出成虫（图2-89）。雌成虫7～8月先刺吸树木汁液，进行一段营养补充，之后交尾产卵于嫩梢木质部内。产卵孔排列成一长串，每卵孔内有5～8

图2-86 黑蚱蝉成虫

图2-87 黑蚱蝉产在枝条内的卵

粒卵。受害枝条产卵部位以上的部分很快枯萎。枯枝内的卵须落到地面潮湿的地方才能孵化，初孵若虫在地面爬行10min左右后钻入土中，吸食植物根系养分。若虫在地下生活4年或5年后才能发育成老熟若虫。

〔防治方法〕

1）农业防治。结合修剪，彻底剪除带有虫卵的枝条，集中烧毁。老熟若虫出土期，在树干下部绑 1 圈宽胶带，拦截上树的若虫，傍晚或清晨进行捕捉消灭。

2）药剂防治。5～7 月卵孵化期，结合防治桃小食心虫在树下土表撒施 1.5% 辛硫磷颗粒剂，每亩 7kg；或地面

图 2-88　黑蚱蝉若虫

喷施 50% 辛硫磷乳剂 800 倍液，然后浅锄，可有效防治初孵若虫。

图 2-89　黑蚱蝉若虫蜕皮

21. 桑天牛 >>>>>

桑天牛又名粒肩天牛（图 2-90），分布于全国各地。可为害苹

果、杨树、柳树、榆树、刺槐、桑树、柘树、构树等。以成虫咬食嫩枝皮和叶,幼虫蛀食枝干,隔一定距离向外蛀1小孔,用于通气和排出粪屑(图2-91),严重削弱树势,重者导致枝枯树死。

图2-90 桑天牛成虫

[形态特征]

1)成虫:体长26~51mm,黑褐色,体表密生青棕色或棕黄色绒毛。触角丝状,前胸背板两侧刺突粗壮。鞘翅基部密布黑色光亮的颗粒状突起,翅端内、外角均有刺状突出。

2)卵:长椭圆形,长6~7mm,稍扁而弯。初产时呈乳白色,然后渐渐变成浅褐色。

3)幼虫:老熟幼虫体长60~80mm,圆筒

图2-91 桑天牛为害状

形,乳白色。头小,黄褐色。腹部13节,无足,第1节较大略呈方形,背板上密生黄褐色刚毛,3~10节背、腹面有扁圆形泡突,上密生赤褐色颗粒。

4)蛹:体长30~50mm,纺锤形,黄褐色,尾端轮生刚毛。

[发生特点] 桑天牛在北方果区2年完成1代,长江以南1年

1代。以幼虫在为害的枝干内越冬，苹果芽萌动后开始活动取食为害，落叶时进入休眠越冬。北方幼虫经过2个冬天，于6~7月间老熟，在隧道内筑蛹室化蛹。蛹期15~25天，成虫羽化后于蛹室内停留5~7天，然后咬羽化孔钻出，7~8月间为成虫发生期。成虫多在晚间活动取食和交配，约经10~15天开始产卵。喜好在2~4年生、直径10~15mm的枝上产卵。先将表皮咬成"U"形伤口（图2-92），然后产卵于其中，一般每处产1粒卵。每雌可产卵100~150粒，产卵期40余天。卵期10~15天，孵化后即于韧皮部和木质部之间向枝条上方蛀食约1cm，然后蛀入木质部内向下蛀食，稍大即蛀入髓部

图2-92 桑天牛产卵痕

（图2-93）。开始每蛀5~6cm长向外蛀1排粪孔（图2-94），随虫体增长而排粪孔距离加大。小幼虫粪便为红褐色细绳状，大幼虫粪便为锯屑状。幼虫一生蛀隧道长达2m左右，隧道内无粪便与木屑。

〔防治方法〕

1）人工防治。结合修剪除掉虫枝，集中处理。成

图2-93 桑天牛蛀食木质部

虫产卵盛期后，仔细检查 2~4 年生枝干，挖除卵和初龄幼虫。对于进入枝干的幼虫，找到新鲜排粪孔用细铁丝插入，向下刺到隧道端，反复几次可刺死里面的幼虫。

2）药剂防治。7~8 月间桑天牛成虫活动期，在苹果枝干上喷施 5% 溴氰菊酯微胶囊剂

图 2-94　桑天牛排粪孔

2000 倍液或 2.5% 溴氰菊酯乳油 1000 倍液。初龄幼虫可用敌敌畏或杀螟松等乳油 10~20 倍液涂抹产卵刻槽，杀虫效果很好。蛀入木质部的幼虫可从新鲜排粪孔注入药液，如 50% 辛硫磷乳油 10~20 倍液，每孔注射 10mL，然后用湿泥封孔，杀虫效果良好。

22. 铜绿丽金龟 >>>>

铜绿丽金龟又名铜绿金龟子、青金龟子、淡绿金龟子，俗名铜克郎，幼虫被称为蛴螬，全国各地均有发生。可为害苹果、桃、李、杏、海棠、梨、樱桃、核桃、板栗等果树，还为害花生、马铃薯和多种林木。以成虫夜间为害各种果树叶片，把叶片吃成缺刻或吃光（图 2-95），

图 2-95　铜绿丽金龟为害症状

特别是对幼树危害严重。

〔形态特征〕

1）成虫（图 2-96）：长椭圆形，体长约 1.5cm。全身铜绿色，有闪亮光泽，头和胸部颜色稍深。触角鳃叶状。雌虫腹部黄白色，雄虫腹部黄褐色。

2）卵：椭圆形至圆形，长约 1.8mm。卵壳光滑，乳白色。

3）幼虫：老龄幼虫体长 30～33mm，乳白色，头黄褐色。静止时虫体成 "C" 形弯曲。

〔发生特点〕 该虫 1 年发生 1 代，以老熟幼虫在土壤内越冬。第二年春季升温后，幼虫为害农作物地下部分、果苗及杂草根系。成虫一般于 5 月中旬羽化，6 月初成虫开始出土。6 月中旬～7 月上旬是成虫上树为害高峰期。成虫白天隐伏于灌木丛、草皮中或树冠下 3～6cm 表土内，黄昏时开始出来在寄主上取食、交尾（图 2-97），闷热无雨的夜晚活动最盛，22：00 以后钻入土中（图 2-98）。成虫具有假死习性和强烈的趋光性。出土后

图 2-96　铜绿丽金龟成虫

图 2-97　铜绿丽金龟交配

85

10 天左右开始产卵，卵多散产在 3～10cm 深疏松土壤中。幼虫孵出后在土壤中取食花生荚果、马铃薯块、植物细根等。

图 2-98　铜绿丽金龟入土

〔防治方法〕

1）农业防治。在成虫夜间上树取食、交尾期间，人工捕杀成虫。秋冬季节翻耕土壤，使幼虫裸露于土表冻、晒而死。猪、牛、鸡粪等厩肥，必须经过充分腐熟后方可施用。

2）物理防治。利用成虫的趋光性，在成虫发生期，在果园外设置黑光灯诱杀成虫。或把杀虫灯放置到喷药池上方。

3）生物防治。在春季和夏季的幼虫发生期，结合防治桃小食心虫，地面喷洒或浇灌昆虫病原线虫或白僵菌（绿僵菌）液，使其寄生土壤内的蛴螬。

4）药剂防治。成虫发生期树冠喷布 50% 杀螟硫磷（杀螟松）乳油 1000 倍液。树上喷布石灰过量式波尔多液，对成虫有一定的驱避作用。在树盘内或园边杂草内施 40% 辛硫磷乳剂 600～800 倍液，施后浅锄入土，可毒杀大量潜伏在土中的成虫。

23. 暗黑鳃金龟 >>>>

暗黑鳃金龟俗名瞎闯子，分布在我国大部分地区。成虫危害多种果树和林木的叶片（图 2-99），最喜食榆叶，为害症状与铜绿丽金龟相同。幼虫（蛴螬）是花生、豆类、粮食作物的重要地下害虫，主要取食它们的地下果实、块根和根系部分。

〔形态特征〕

1）成虫（图 2-100）：长椭圆形，体长约 1.5cm。全身暗黑色，

图 2-99　暗黑鳃金龟为害症状

无光泽。触角鳃叶状。

2）卵：圆形，直径约 1.8mm。卵壳光滑，乳白色。

3）幼虫（图 2-101）：外形似铜绿丽金龟幼虫，但有细微差异。

【发生特点】

1 年发生 1 代，绝大部分以幼虫越冬，少量以成虫越冬。在 6 月上中旬成虫开始出来上树取食，成虫发生期长，以 6 月下旬 ~8 月中旬为主要发生期。成虫出土的基本规律是一天多一天少，无风、温暖的傍晚出土多。成虫昼伏夜出，夜晚出来后便取食叶片并在寄主上交尾，天明入土产卵。成虫有假死习

图 2-100　暗黑鳃金龟成虫

图2-101 暗黑鳃金龟老龄幼虫

性和趋光性。幼虫孵化出来后在土壤内取食，长大后做土室化蛹。

〔防治方法〕 参照"22. 铜绿丽金龟"。

⚠ **注意** 由于暗黑鳃金龟喜食榆树叶片，可于太阳下山时把新鲜榆树枝叶沾上高效氯氰菊酯药液后插入果树行间，诱杀成虫。

第三章 苹果病虫害综合防治措施

由于苹果树生长周期长、生态环境相对稳定，适宜病虫害的发生，故其常遭受多种病虫危害，严重影响了苹果树体生长、开花结果、果品产量与品质，需要加强病虫害的综合防治。

综合防治就是采取多种措施一起控制病虫害的发生和发展，以保证果品安全生产。目前，在苹果上采取的防治措施主要有植物检疫、农业防治、物理防治、生物防治和化学防治五大措施。

1. 植物检疫 >>>>

植物检疫就是国家以法律手段，制定出一整套的法令规定，由专门机构（检疫局、检疫站、海关等）执行，对应受检的植物和植物产品进行严格检查，控制有害生物的传入、带出及在国内外的传播，是用来防止有害生物传播蔓延的一项根本性措施，又称为"法规防治"。作为果树种植者，不要从检疫性病虫发生区购买、调运苗木、接穗和果品，以防将这些危险性病虫引入新的种植区而引起危害，给苹果生产带来新困难，同时也影响果品和苗木外销。国家各检疫部门和有关检疫的网站上都有检疫病虫名录和疫区分布，需要时可上网查询。

2. 农业防治 >>>>

农业防治是在有利于农业生产的前提下，通过改变耕作栽培制度、选用抗（耐）病虫品种、加强栽培管理及改造生长环境等来抑制或减轻病虫害的发生。在果树上常结合栽培管理，通过轮作、清洁果园、施肥、翻土、修剪、疏花疏果等来消灭病虫害，或根据病虫发生特点，通过人工捕杀、摘除、刮除来消灭病虫。在苹果生产中这种方法使用普遍，几乎每种病虫害的防治都能用到。例如，选择栽植抗病（虫）品种；冬季清园，剪除病虫枝（图3-1），刮除老

图3-1　剪除病虫枝

翘皮（图3-2），集中烧毁或深埋，以减少病菌和害虫来源；生长季节地面覆盖毛毡（图3-3）、黑地膜（图3-4）用于防除杂草和防止土壤害虫出土；绑扎诱虫带（图3-5），人工捕杀天牛、茶翅蝽、金龟子、舟形毛虫等；合理肥水增强树体抵抗能力；合理修剪改善通风透光条件，降低园内相对湿度，抑制病虫害发生等。

图3-2　休眠期刮除老翘皮

农业防治是综合治理的基础，其优点是可以把病虫消灭在为害之前。同时结合果树栽培技术，不用增加防治病虫害的劳力和成本。而且，农业防治不伤害天敌，不污染环境，符合安全优质果品生产要求。但是，农业防治应用时也有一定的局限性，不能对一些病虫害完全控制，还需要配合其他防治措施。

图3-3　树下覆盖毛毡

图3-4　树下覆盖黑地膜

图3-5　绑扎诱虫带

3. 物理防治 >>>>

　　物理防治是利用简单工具和各种物理因素进行防治，如器械、装置、光、热、电、温度、湿度和放射能、声波、颜色、味道等防治病虫害的措施。在果园常用的方法如下：

（1）果实套袋 随着人们生活水平的提高，人们对水果的要求转向外观美丽、无毒害化，即所谓无公害和绿色水果。为了阻止病虫侵害果实和农药直接污染果实，人们常采用果实套袋措施，这是目前防治某些果实病虫害非常有效的方法。自20世纪国家大力推广果实套袋以来，在苹果主产区多数采用该方法，并逐渐涉及梨、桃、香蕉、葡萄、柚子等多种水果。

果袋一般由 PE 塑料薄膜（图3-6）和纸制（图3-7）两种材料制成，根据不同的水果其所需要的果袋材质、尺寸、颜色和规格不同，最好选用每种水果的专用果袋，方能保证有效防治病虫害和果实健康生长。水果套袋尽管能改善外观品质和减少农药残留，但费工费力、成本高，而且还会导致苹果发生黑点病、裂纹、霉心、康氏粉蚧等。目前，一些专家提出苹果省力化栽培，随着新的安全防治技术发展，果实套袋将逐渐减少。

图3-6 果实套塑膜袋 　　　**图3-7** 果实套纸袋

苹果套袋一般在生理落果后的晴天进行，套袋之前应先喷洒一遍杀虫、杀菌剂清洁果实上的病虫，待药液干后立即进行套袋，当天喷药的果实最好当天套完。

（2）设防虫、防鸟网（图3-8）对于一些个体较大的昆虫，可以通过悬挂防虫网进行阻隔，以保护水果免受伤害，可以和设

图3-8　防鸟网

施果树栽培结合在一起。随着对森林和鸟类的合理保护，果实在成熟期，常会遭到多种鸟的啄食，影响水果产量和品质。由于国家规定不能使用药剂和枪械伤害鸟类，在果树周围悬挂防鸟网是一个最有效的方法。

（3）利用黑光灯诱杀害虫　黑光灯是一种特制的电灯（图3-9），它发出3300～4000nm的紫外光波，人类对该光不敏感，就把这种灯叫作黑光灯。黑光灯夜间能用来诱杀昆虫，是因为趋光性昆虫对该光敏感，趋向黑光灯飞，特别是一些鳞翅目害虫和金龟子对该光比较敏感。所以人们就利用黑光灯对许多害虫进行测报和诱杀。

图3-9　黑光灯

黑光灯诱虫谱很广，一些有益昆虫如草蛉、寄生蜂也对该光敏感，夜间飞向黑光灯。所以，在果园使用黑光灯要慎重。现在，人们对黑光灯做了许多改进，有频振杀虫灯、太阳能诱虫灯等。在果园使用黑光灯，应把灯悬挂在空闲地或水池上，以免灯周围的果树遭受诱来而没被杀死的害虫伤害。

（4）利用粘虫板诱杀害虫　不同害虫的成虫对颜色有不同喜好，粘虫板就是利用害虫的趋色性制成的带有不干胶的塑料板（图3-10）。由于很多害虫（蚜虫、叶蝉、粉虱）趋好黄色，所以现在很多地方使用黄色粘虫板来诱杀害虫。但是一些寄生蜂也喜欢黄色，有时也会粘杀一些寄生蜂。而果蝇类喜好黑色粘虫板，绿盲蝽喜欢蓝色和绿色粘虫板，防治不同害虫要选择颜色合适的粘虫板。现在还有粘虫胶带阻隔，即先在树干上缠绕一圈宽胶带，然后刷上粘虫胶（图3-11），可以防治从地面爬行上树为害的害虫，如山楂叶螨、二斑叶螨、草履蚧、枣尺蠖雌成虫等。

图3-10　粘虫板

（5）昆虫性诱剂　昆虫性诱剂是模拟自然界的昆虫性信息素，通过释放器释放到田间来诱杀异性害虫的仿生高科技产品。性诱剂主要是利用昆虫成虫释放的性信息素引诱异性成虫的原理，人工模拟合成信息素化合物，用于干扰雌雄虫交配，减少受精卵数量，从

图 3-11　粘虫胶带

而达到防治害虫的目的。该技术不接触植物和农产品，没有农药残留，同时具有专一性，对益虫和天敌不会造成伤害，操作简便，是现代农业生态防治害虫的首选方法之一。而且，应用昆虫性诱剂可以测报虫情，便于掌握适宜的喷药时间，及时有效防治害虫。目前，全世界有几百种昆虫性诱剂，国内苹果害虫的性诱剂可用于防治桃小食

心虫、梨小食心虫、金纹细蛾、苹果蠹蛾、苹小卷叶蛾、桃蛀螟等（图 3-12 ~ 图 3-14）。

（6）其他方法

利用声音干扰昆虫和驱赶鸟类，如驱鸟炮等。利用高热（如热水、热电等）处理土壤灭杀其中栖居的害虫、病菌、线虫、杂草等。

图 3-12　三角诱捕器

图3-13 与黄板结合的性诱剂

图3-14 水盆式诱捕器

4. 生物防治 >>>>

生物防治是指利用活体自然天敌生物或生物代谢物（提取物）等防治病虫，如以虫治虫、以菌治虫、以鸟治虫、以螨治螨，植物提取物防治病虫等。目前，由于人工繁殖天敌种类和数量有限，生物防治以保护自然天敌为主，同时释放补充一些天敌来控制病虫。为了合理有效保护天敌，首先应该认识和了解苹果园常见的天敌昆虫及主要保护利用措施。

（1）果园常见天敌昆虫

1）异色瓢虫：成虫体长 6～7.5mm，鞘翅颜色和花纹多变（图3-15）。鞘翅颜色为黑色时，花纹多为红色或黄色斑点；鞘翅颜色为黄色、橙黄色时，花纹多为 1～19 个黑点。卵纺锤形，黄色，十几粒排在一起（图3-16）。幼虫身体黑紫色（图3-17、图3-18），腹部两侧有橙黄色斑纹，体节上有刺毛。蛹椭圆形，黄褐色，背面有黑点分布（图3-19）。该瓢虫主要捕食果树蚜虫。

图3-15 异色瓢虫成虫

2）龟纹瓢虫：成虫体长 3.8～4.7mm，宽 2.9～3.2mm（图3-20）。黄色至橙黄色，鞘翅上有龟纹状黑色斑纹。鞘翅上的黑斑常有变异，有的黑斑扩大相连，有的黑斑缩小成独立的斑点。

图 3-16 异色瓢虫卵

图 3-17 异色瓢虫
初孵幼虫

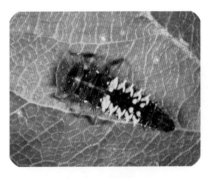

图 3-18 异色瓢虫幼虫

图 3-19 异色瓢虫蛹

3）黑缘红瓢虫：成虫体长 5.2 ～ 6.0mm，宽 4.5 ～ 5.5mm
（图 3-21）。虫体近圆形，呈半球形拱起，背面光滑无毛。头、前胸
背板及鞘翅周缘黑色，鞘翅基部及背面中央枣红色。鞘翅肩角较宽，
形成直角，鞘翅缘折完整，直至末端。卵椭圆形，表面光滑，长
1mm，初产时白色，后变为黄色，孵化前变为橙黄色。初孵幼虫4 ～
6mm，灰色，2 龄以后的幼虫浅棕色，老龄幼虫体长 8 ～ 10mm。蛹
浅黄色至橙黄色，长 4 ～ 5mm，自胸部至腹部背面两侧各有一条褐

色条纹，体背橙黄色。主要捕食桃球蚧、东方盔蚧、白蜡虫等。

图 3-20 龟纹瓢虫成虫　　**图 3-21 黑缘红瓢虫成虫**

4）红点唇瓢虫：成虫近于圆形（图 3-22），体长 3.8~4.5mm，背面黑色有光泽，半球形拱起，每一鞘翅中央各有 1 个红褐色近圆形斑。胸部腹面黑色，腹部腹面褐黄色。幼虫初孵化时橙红色，体背有 6 列黑色刺毛。老熟幼虫体长 6mm，头部及足褐色，胸部和腹部灰褐色，刺毛上着生黑色小枝。蛹卵形，一头略尖，外包幼虫的蜕皮壳，壳背裂开，蛹背黑褐色，有黄色线纹。主要捕食桑白蚧、梨圆蚧、龟蜡蚧、桃球蚧、朝鲜球蚧、东方盔蚧、牡蛎蚧、柿绒蚧、松干蚧等多种介壳虫。

图 3-22 红点唇瓢虫成虫

5）深点食螨瓢虫：成虫全体黑色，椭圆形，体长1.4mm左右，体表密布黄白色细毛。老熟幼虫橙红色，长椭圆形，体长2.1mm左右，各腹节上生有带黄色短毛的疣。以成虫和幼虫捕食果树害螨的成螨、幼若螨和卵。

6）草蛉：又名草蜻蛉，属脉翅目，草蛉科。果园常见种类有大草蛉、丽草蛉、中华草蛉。草蛉以幼虫和成虫捕食苹果黄蚜、桃蚜、梨蚜等多种果树蚜虫。1头幼虫可捕食蚜虫600～700头，成虫捕食500头左右，一生能消灭蚜虫1000～1200头。亦可捕食红蜘蛛及其卵，还能捕食鳞翅目害虫、介壳虫的卵和小幼虫等。

成虫体色多为绿色（图3-23），复眼金绿色，触角多为丝状。翅膜质透明，翅脉密如网状。卵呈绿色橄榄形（图3-24），近孵化时呈灰黑色。绝大部分种类的卵底部有1根富有弹性的丝柄，以丝柄着生在枝叶或树皮上，将卵粒顶起。幼虫又叫蚜狮（图3-25），纺锤

图3-23　草蛉成虫

形，体色黄褐、灰褐或赤棕，因种而异，体表刚毛发达，成束着生在体侧瘤突上，头部前端有1对钳形口器。结茧化蛹，茧白色（图3-26），球形。

7）食蚜蝇：有多种食蚜蝇，果园常见种类有黑带食蚜蝇、狭带食蚜蝇、月斑鼓额食蚜蝇、斜斑鼓额食蚜蝇、六斑食蚜蝇、细腹食蚜蝇。其幼虫可捕食多种果树蚜虫，还可捕食介壳虫、粉虱、叶蝉等。成虫不能捕食，多在花丛中取食花蜜、花粉，并能传播花粉。

图 3-24　草蛉卵

图 3-25　草蛉幼虫

食蚜蝇成虫外形似蜜蜂（图 3-27），但是，蜜蜂的触角呈屈膝状，食蚜蝇的触角为芒状；蜜蜂后足粗大，一般沾有花粉团，食蚜蝇的后足细长，似其他足；蜜蜂有两对翅，食蚜蝇只有一对翅，后翅呈棒状。不同食蚜蝇成虫大小、体形不同，体色单一暗色或常具黄、橙、灰白等鲜艳色彩的斑纹。食蚜蝇的幼虫为白色或乳白色（图 3-28），呈蛆状。

8）蠋蝽：又名蠋敌，属半翅目，蝽科。可捕食象鼻

图 3-26　草蛉蛹茧

虫、刺蛾（图 3-29）、舟形毛虫、棉铃虫等。成虫体长 10～14mm，宽 5～7mm（图 3-30）。全体黄褐色或黑褐色，布满细小刻点。触角红黄色。足浅褐色，跗节和胫节稍带浅红色。卵圆桶形，比小米粒稍小，多行排列呈块状，初产乳白色，孵化前米黄

色。初孵化若虫米黄色，很快变成深黑色，腹部背板出现4~5条黑色横纹。

图3-27 食蚜蝇成虫

图3-28 食蚜蝇幼虫

图3-29 蠋蝽若虫捕食刺蛾

图3-30 蠋蝽成虫

9）螳螂：是一种中至大型昆虫（图3-31），可捕食多种害虫。身体长形，多为绿色，也有褐色或具有花斑的种类。头三角形且活动自如，复眼突出。前足呈镰刀状，并生有倒钩的小刺。前翅皮质，为覆翅，缺前缘域，后翅膜质，臀域发达，扇状，休息时叠于背上；腹部肥大。

图3-31 螳螂（左：若虫 右：成虫）

卵产于卵鞘内，每 1 卵鞘有卵 20 ~ 40 粒，排成 2 ~ 4 列。卵鞘是泡沫状的分泌物硬化而成，多黏附于树枝、树皮、墙壁等物体上（图 3-32）。若虫体型与成虫相似，但个头小，无翅，爬行速度快。

10）塔六点蓟马：以成虫和若虫捕食苹果叶螨、山楂叶螨、二斑叶螨等多种害螨（图 3-33）。成虫全体黄白色，体细长形，体长 0.7 ~ 0.8mm。两个前翅狭长，短于腹部末端，上有 6 个褐色斑纹，故称塔六点蓟马。若虫体型似成虫（图 3-34），但个体小于成虫，无翅，全体黄白色，复眼暗红色。

11）捕食螨：个体很小，以植食性害螨为猎物，可捕食山楂叶螨、苹果全爪螨、二斑叶螨等多种果树害螨的卵、若螨和成螨。捕食螨有许多种，果园常见的有植绥螨、西方盲走螨、钝绥螨等。捕食螨一般生活周期短、

图 3-32　螳螂卵鞘

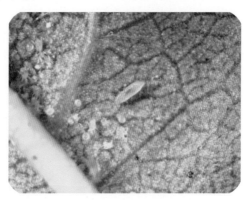

图 3-33　塔六点蓟马幼虫捕食害螨

捕食量大、繁殖力强，一只捕食螨一生能捕食害螨300～350头或锈壁虱1500～3000头。当苹果树上害螨的数量少而食料不足时，捕食螨便取食瘿螨、菌丝体、花粉和昆虫的粪便，以便保持种群，持续控制害螨的发生。

图3-34　塔六点蓟马若虫

12）蚜茧蜂：个体很小，以卵和幼虫寄生苹果黄蚜、苹果绵蚜、瘤蚜、桃蚜、梨蚜等多种蚜虫。蚜茧蜂1年发生10余代，在蚜虫尸体内越冬。春季，蚜茧蜂羽化为成虫，成虫产卵于蚜虫体内，被寄生的蚜虫经3～4天渐变为褐色或黑色，蚜虫体膨大呈圆形而死亡。寄生蜂羽化时，在蚜虫尸体上咬1个圆孔出来，在蚜虫发生期均可寄生，夏季寄生率可高达60%以上（图3-35）。

图3-35　被蚜茧蜂寄生死亡的蚜虫

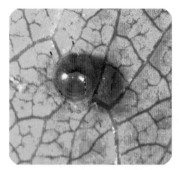

图 3-35 被蚜茧蜂寄生死亡的蚜虫（续）

13）其他寄生蜂：寄生蜂是最常见的一类寄生性昆虫，可以寄生鳞翅目、鞘翅目、膜翅目和双翅目等多种昆虫。苹果园内的寄生蜂有很多种（图 3-36），除蚜茧蜂外，常见的还有赤眼蜂类、绒茧蜂类、姬蜂类、跳小蜂类等。这些寄生蜂均有 2 对薄而透明的翅，多寄生于卷叶蛾、刺蛾、食心虫、潜叶蛾、桃天蛾、毒蛾、毛虫、尺蠖、天牛、介壳虫等（图 3-37、图 3-38）。寄生蜂一般将卵产于寄主体内，幼虫孵化后取食寄主做营养，和寄主共生一段时间后才使寄主死亡。不同寄生蜂寄生的虫态不同，赤眼蜂和平腹小蜂寄生虫卵，绒茧蜂、跳小蜂寄生幼虫（图 3-39）。姬蜂

图 3-36 果园常见寄生蜂

图3-36 果园常见寄生蜂（续）

图3-37 金纹细蛾寄生蜂

图3-38 黄刺蛾寄生蜂

则可在幼虫、蛹上产卵，也能在成虫体内产卵，可以寄生于40多种鳞翅目昆虫。

（2）保护利用天敌昆虫　天敌大量发生期，尽量不喷洒广谱触杀性杀虫剂，以免伤害天敌。菊酯类和有机磷类杀虫剂对果园天敌昆虫伤害较大，尽量不使用这两类杀虫剂防治害虫，或避开天敌发生期使用。果树行间生草或种植有利于天敌生存的杂草和植物（图3-40、图3-41），供天敌昆虫取食或躲避农药。

图3-39　被寄生的黄刺蛾冬茧

对于一些可以人工饲养的天敌如赤眼蜂、周氏啮小蜂（图3-42）、捕食螨（图3-43）、瓢虫（图3-44）、塔六点蓟马等，在害虫（螨）发生初期，人工释放于苹果园，以控制害虫（螨）为害。

图3-40　行间种植三叶草

图 3-41　行间种植禾本科草

图 3-42　释放寄生蜂

图 3-43　释放捕食螨

图3-44　释放瓢虫

5. 化学防治 >>>>

化学防治又叫药剂防治，是利用化学药剂的毒性来防治病虫害。目前，化学防治仍是控制果树病虫害的常用方法，也是综合防治中的一项重要措施。它具有快速、高效、方便、限制因素小、便于大面积使用等优点。但是，如果化学农药使用不当，会引起人畜中毒、污染环境、杀伤有益生物、造成药害等；长期单一使用某种化学药剂，还会导致目标病虫产生抗药性，增加防治困难。所以，在防治病虫害时，应选用高效、低毒、安全的农药适时使用，并及时轮换、交替或合理混合使用农药（图3-45、图3-46）。

（1）化学农药的主要分类　化学农药的品种繁多，来源、成分和作用方式各异，为了便于了解，人们采用不同方式对农药进行分类，主要分类方法如下。

① 根据作用对象不同，人们把化学农药分为杀虫剂、杀螨剂、杀菌剂、除草剂、植物生长调节剂等。

② 根据作用方式不同，杀虫剂被分为触杀性杀虫剂、内吸性杀虫剂、胃毒性杀虫剂、昆虫生长调节剂；杀菌剂被分成保护性杀菌

剂、内吸治疗剂、抗性免疫剂等。

③ 根据化学成分不同分类，杀虫剂包括有机磷类，氨基甲酸酯类、拟除虫菊酯类、有机氯类、烟碱类、激素类等；杀菌剂包括铜制剂、硫制剂、二硫代氨基甲酸盐类、氨基磺酸类、硫代磺酸酯类、三氯甲硫基类、嘧啶类、三唑类、吗啉类等多种。

④ 根据原料来源分为无机农药、有机农药、生物农药。其中生物农药又分为植物农药、微生物农药、动物农药、天敌昆虫等。

（2）化学农药使用注意事项 农药的使用必须遵循：①根

图 3-45 春天喷洒干枝

图 3-46 夏季喷洒枝叶

据不同防治对象，选择对该防治对象有效、国家已经登记和标有三证号码（农药登记证、生产许可证、产品标准证）的农药品种。②根据防治对象的发生情况，确定施药时间。③正确掌握用药量和药液浓度，掌握药剂的配制稀释方法。④根据农药特性和病虫害发生习性，选用性能良好的喷雾器械和适当的施药方法，做到用药均匀周到，使药剂准确作用于防治靶标。⑤轮换或交替使用作用机理不同的农药，避免病虫产生抗药性。⑥防止盲目混用、滥用化学农药，避免人畜中毒、造成药害、降低药效等。严禁在水果上使用国家禁用的甲胺磷、1605、三氯杀螨醇等剧毒和高毒农药，严禁在花期用药伤害传粉昆虫，严禁在安全间隔期和采收期用药而影响果品安全。

（3）国家禁止在果树上使用的农药　为了保证食品安全，国家对一些高毒、高风险、长残留农药品种相继禁止了其生产和使用。

2002年，中华人民共和国农业部公告第199号"国家明令禁止使用的农药"为六六六、滴滴涕（DDT）、毒杀芬、二溴氯丙烷、杀虫脒、二溴乙烷（EDB）、除草醚、艾氏剂、狄氏剂、汞制剂、砷类、铅类、敌枯双、氟乙酰胺、甘氟、毒鼠强、氟乙酸钠、毒鼠硅。

2008年，六部委决定停止甲胺磷、甲基对硫磷、对硫磷、久效磷、磷胺五种高毒农药的生产、流通、使用。

2011年，农业部、质检总局等5个部门关于进一步禁用和淘汰部分高毒农药的通知（第1586号公告），撤销氧乐果、水胺硫磷在柑橘树，灭多威在柑橘树、苹果树、茶树、十字花科蔬菜，硫线磷在柑橘树、黄瓜，硫丹在苹果树、茶树，溴甲烷在草莓、黄瓜上的登记。自2011年10月31日起，撤销（撤回）苯线磷、地虫硫磷、甲基硫环磷、磷化钙、磷化镁、磷化锌、硫线磷、蝇毒磷、治螟磷、特丁硫磷等10种农药的登记证、生产许可证（生产批准文件），停止其生产；自2013年10月31日起，停止其销售和使用。

甲胺磷、甲基对硫磷、对硫磷、久效磷、磷胺、甲拌磷、甲基异柳磷、特丁硫磷、甲基硫环磷、治螟磷、内吸磷、克百威、涕灭威、灭线磷、硫环磷、蝇毒磷、地虫硫磷、氯唑磷、苯线磷19种高毒农药不得用于蔬菜、果树、茶叶、中草药材上。三氯杀螨醇，氰戊菊酯不得用于茶树上。任何农药产品都不得在超出农药登记批准的使用范围使用。

（4）苹果园常用农药品种

1）除虫菊素：是从多年生草本植物除虫菊花内提取的杀虫剂。对害虫有触杀作用，击倒力强，持效期短。杀虫谱广，可用于防治果树蚜虫、卷叶蛾、尺蠖等。它在强光、高温下或遇碱易分解失效。对人畜中等毒性，对植物安全。

防治苹果树蚜虫、尺蠖、舟形毛虫，在发生初期用3%除虫菊素乳油600～800倍液均匀喷雾。

2）苦参碱：是由中草药苦参的根、茎、叶、果实中提取制成的生物碱，是天然植物农药。对人、畜低毒，杀虫谱广，可用于防治苹果蚜虫，并有一定杀菌防病作用。

在苹果黄蚜发生初期，用0.3%水剂1000～1500倍液均匀喷雾。

3）白僵菌：是一种真菌性杀虫剂，其孢子接触害虫后产生芽管，通过体壁侵入虫体内长成菌丝，并不断繁殖和产生毒素来杀死害虫。杀虫速度缓慢，一般需经4～5天后死亡。可用于防治鳞翅目、同翅目和鞘翅目等害虫的幼虫。对人、畜、果树安全。

防治苹果桃小食心虫，在越冬代幼虫出土和第1代老熟幼虫脱果初期，树下地面均匀洒施白僵菌粉或均匀喷洒其悬浮液，每亩用白僵菌粉2kg。

4）昆虫病原线虫：是一类专门寄生昆虫的线虫，对植物和高等动物无害。该线虫通过害虫口器和气孔进入体内，然后释放携带的共生细菌，使害虫患病死亡。可用于防治苹果桃小食心虫和金龟子幼虫。

防治桃小食心虫和金龟子，5～9月间在它们的幼虫栖居于土壤时，地面喷洒或泼浇昆虫病原线虫液，剂量为1亿～3亿条/亩。使用前后应灌水，保持土壤湿润。

5）机油乳剂：又名安普敌死虫、蚧螨灵、绿颖、农用喷淋油、绿库、绿豪、桔美、破蚧、快斩。主要是靠物理窒息杀虫，即药物在虫体表面形成一层油膜，阻塞害虫气孔，并渗入害虫体内，致使害虫不能呼吸而死亡。其性能稳定，不易产生抗药性，可与多种农药混合使用，提高药剂附着性，增加对害虫体壁的渗透能力，从而提高药效。低毒、低残留，对人畜安全，对天敌伤害小，是生产有机、绿色苹果允许使用的农药。

在苹果芽萌动期，用国产普通机油乳剂50倍液喷洒枝干，可有效防治树体上越冬螨、蚜虫、介壳虫、木虱的成虫或卵。在山楂叶螨、苹果全爪螨、二斑叶螨、锈壁虱、梨木虱发生初期，用进口夏型机油乳剂150～200倍液叶面喷雾。兼治白粉病。

6）阿维菌素：又名齐螨素、害极灭、杀虫丁、海正灭虫灵、爱福丁、虫螨杀星、虫螨克星。是一种杀虫、杀螨剂。具有触杀和胃毒作用，无内吸作用，但在叶片上有很强的渗透性，可以杀死植物叶片表皮下的害虫。不杀卵，对害虫的幼虫、害螨的成螨和幼若螨高效。可以防治苹果树害螨、叶蝉、潜叶蛾、食心虫等。

在苹果害螨发生初期，用 1.8% 阿维菌素乳油 4000～6000 倍液喷雾；防治金纹细蛾、桃小食心虫用 1.8% 阿维菌素乳油 3000～4000 倍液喷雾。

⚠ **注意**　该药剂对蜜蜂、捕食性和寄生性天敌有一定的直接杀伤作用，不要在果树开花期施用。对鱼类高毒，应避免污染湖泊、池塘、河流等水源。采收前 20 天停止使用。

7）甲维盐：全名为甲氨基阿维菌素苯甲酸盐，是高效、广谱、低毒的杀虫、杀螨剂。以胃毒作用为主，无内吸性，但能渗入植物表皮组织。可有效防治果树上的鳞翅目害虫、木虱及多种害螨。

防治苹果桃小食心虫，在卵孵化期用 1% 甲维盐乳油 1200～1800 倍液均匀喷雾，可兼治卷叶蛾、尺蠖、金纹细蛾、害螨等。

8）吡虫啉：商品名称为高巧、艾美乐、一遍净、蚜虱净、康复多等。是一种内吸广谱型杀虫剂，在植物上内吸性强，因此对刺吸式口器的害虫（蚜虫、叶蝉、介壳虫）有较好的防治效果。低毒、高效、持效期长，能和多数农药、肥料混用。

防治苹果各种蚜虫，用 10% 吡虫啉可湿性粉剂 3000～4000 倍液或 5% 吡虫啉乳油 2000～3000 倍液喷雾。采收前 15～20 天停止使用。

9）啶虫脒：商品名称为莫比朗、聚歼、蚜终、追蚜、蚜泰、朗灭、比虫清等。具有触杀和胃毒作用，在植物上具有内吸性。高效、低毒、残效期长，对蜜蜂影响小。杀虫谱广，可防治苹果各种蚜虫、蟥象、介壳虫。

在苹果黄蚜、瘤蚜、绵蚜发生初盛期，用 3% 啶虫脒乳油1500～2000 倍液均匀喷雾。可兼治蟥象和介壳虫。

10）虫螨腈：商品名称为除尽、溴虫腈。为新型杀虫、杀螨剂。具有触杀及胃毒作用，在植物叶面渗透性强，有一定的内吸作用，并有一定的杀卵效果。杀虫速度快，防效高、持效期较长、对作物安全。杀虫谱广，对鳞翅目、鞘翅目害虫都有极好的防效，并能防治各种红蜘蛛。

防治果树各种卷叶蛾、尺蠖、毛虫、潜叶蛾，在低龄幼虫期用10%悬浮剂500～1000倍液均匀喷洒叶片，可兼治叶螨。苹果采收前14天停止使用。

⚠ **注意** 本药剂对蜜蜂、禽、鸟及鱼等水生动物毒性较高，使用时不要污染水源，花期禁止使用。

11）除虫脲：属昆虫生长调节剂。具有胃毒和触杀作用，无内吸性，杀虫效果比较缓慢。能抑制害虫体壁组织内几丁质合成，使幼虫不能正常脱皮和发育新表皮变态，造成虫体畸形而死。主要用于防治鳞翅目害虫。对人、畜低毒，对鸟类、青蛙、蜜蜂和一些天敌昆虫比较安全。

防治苹果潜叶蛾、食心虫、尺蠖、卷叶蛾、毛虫、刺蛾，在它们的卵孵化盛期用20%除虫脲悬浮剂1500～2500倍液均匀喷雾。

⚠ **注意** 本药剂对蚕、鱼、虾有不良影响，不可在桑园和养蚕场所使用，使用时不要污染水源。

12）灭幼脲：杀虫方式和防治对象同除虫脲，常用于防治苹果潜叶蛾和食心虫。在卵孵化盛期用25%灭幼脲胶悬剂1500～2000倍液喷洒。注意事项同除虫脲。

13）氟虫脲：又名卡死克，是一种杀虫、杀螨剂。主要抑制昆虫表皮几丁质的合成，使昆虫不能正常脱皮或变态而死。主要杀幼虫和幼若螨，不杀成螨，但成螨受药后产下的卵不能孵化，即使孵化幼螨也会很快死亡。可有效防治果树上的多种鳞翅目害虫和害螨。

防治苹果树上的潜叶蛾、卷叶蛾、尺蠖，应在卵期和低龄幼虫期施药，用5%氟虫脲乳油800~1200倍液喷雾，同时可兼治害螨。注意事项同除虫脲。

14）氯虫苯甲酰胺：商品名称为康宽、奥得腾。为酰胺类新型内吸杀虫剂。具有独特的作用机理，胃毒为主，兼具触杀作用，对鳞翅目初孵幼虫有特效。杀虫谱广，持效期长，毒性很低。对有益昆虫、鱼虾比较安全。

防治苹果潜叶蛾、卷叶蛾、食心虫、毛虫、刺蛾等鳞翅目害虫，在卵孵化盛期，用35%氯虫苯甲酰胺水分散粒剂8000~10000倍液均匀喷洒枝叶和果实。

15）溴氰虫酰胺：又名倍内威，是杜邦公司新推出的高效、低毒新型杀虫剂。杀虫谱广，在植物叶片上具有附着性和渗透性，可防治蚜虫、粉虱、叶蝉、木虱、蓟马等多种果树害虫。药效快，能够在几分钟内阻止害虫取食，并且可以减少某些由虫媒传播的病毒病。剂型为10%溴氰虫酰胺可分散油悬浮剂。

16）烯啶虫胺：是一种高效、广谱、新型烟碱类杀虫剂，具有卓越的内吸和渗透作用，杀虫快，毒性低，持效期长，对作物安全。对各种蚜虫、介壳虫、蝽等刺吸类害虫有良好的防治效果。

在苹果蚜虫始发盛期，用10%烯啶虫胺水乳剂4000~5000倍液均匀喷雾。

17）螺虫乙酯：是一种新型杀虫、杀螨剂。具有双向内吸传导性，可以在整个植物体内上下移动，抵达叶面和树皮。高效广谱，持效期长，可有效防治各种刺吸式口器害虫，如蚜虫、叶蝉、介壳虫、红蜘蛛等。对瓢虫、食蚜蝇和寄生蜂比较安全。

防治苹果树上的康氏粉蚧、球坚蚧、蚜虫、红蜘蛛，在发生初期用240g/L螺虫乙酯4000~5000倍液均匀喷雾。

18）氟啶虫胺腈：商品名称为可立施、特福力。是一种新型内吸性杀虫剂，可经叶、茎、根吸收而进入植物体内。具有胃毒和触杀作用，广谱、高效、低毒，持效期长，可用于防治绿盲蝽、蚜虫、介壳虫等所有刺吸式口器害虫。对鸟类、鱼类、天敌昆虫比较安全。

防治苹果各种蚜虫、绿盲蝽、康氏粉蚧，在害虫发生期用50%

氟啶虫胺腈水分散粒剂 4000~5000 倍液均匀喷雾。

⚠️ **注意** 该药剂直接喷洒到蜜蜂身上对蜜蜂有毒，在蜜源植物和蜂群活动频繁区域，在喷洒该药剂后需等作物表面药液彻底干后，才可以放蜂。

19）三氟氯氰菊酯：又名功夫、功夫菊酯。为拟除虫菊酯类杀虫剂，具有触杀、胃毒、杀卵活性作用，击倒速度快。杀虫谱广，可用于防治苹果上的多数害虫。对人、畜毒性中等，对果树比较安全。

防治桃小食心虫、梨小食心虫，在卵孵化盛期，树冠喷洒 2.5% 三氟氯氰菊酯乳油 2000 倍液；防治茶翅蝽、黄斑蝽，在越冬后与若虫期各喷一次 2.5% 乳油 2000 倍液；防治康氏粉蚧、朝鲜球坚蚧，于若虫盛发期用 2.5% 乳油 2000 倍液喷雾；防治蚜虫、舟形毛虫、绿盲蝽、梨网蝽，在发生期用 2.5% 高效乳油 2000~3000 倍稀释液喷洒树冠。

⚠️ **注意** 本剂对蜜蜂有毒，对家蚕、鱼类高毒，禁止在果树花期使用，使用时不可污染水域及饲养蜂、蚕场地。害虫易对菊酯类杀虫剂容易产生抗药性，不宜连续使用，应与其他类杀虫剂交替使用。下面的几种菊酯类药剂均应注意这些事项。

20）高效氯氰菊酯：商品名称为高灭灵、中农捷捕、厉网、歼灭、高效灭百可、高效安绿宝、奋斗呐、快杀敌等。具有触杀、胃毒和杀卵活性作用，杀虫谱广，击倒速度快。可防治苹果上的多种害虫。

防治桃小食心虫、梨小食心虫、卷叶蛾、潜叶蛾、介壳虫，在卵孵化盛期树冠喷洒 4.5% 高效氯氰菊酯乳油 2000 倍液。防治各种果树蚜虫、蝽、毛虫等，于发生期喷洒 4.5% 乳油 2000 倍液，或用 10% 乳油稀释为 4000~5000 倍液喷雾。

21）氰戊菊酯：商品名称为速灭杀丁、杀灭菊酯、中西杀灭菊酯、敌虫菊酯、百虫灵。属拟除虫菊酯类杀虫剂，杀虫谱广，可防治多种果树害虫。对天敌昆虫不安全。无内吸传导和熏蒸作用。

防治苹果、梨、桃、枣树食心虫，于虫卵孵化盛期，用20%氰戊菊酯乳油2000～4000倍液喷雾，残效期为10天左右，施药次数2～3次，可兼治苹果黄蚜、桃蚜、梨星毛虫、卷叶虫等叶面害虫。

22）溴氰菊酯：商品名称为敌杀死、凯安保、凯素灵、天马、谷虫净、增效百虫灵、抗虫敌。为拟除虫菊酯类杀虫剂。以触杀、胃毒作用为主，对害虫有一定的驱避与拒食作用。杀虫谱广，击倒速度快，尤其对鳞翅目幼虫及蚜虫杀伤力大。

防治桃小食心虫、梨小食心虫、桃蛀螟，在成虫产卵及幼虫蛀果前，当卵果率达到1%左右时，喷洒2.5%溴氰菊酯乳油2000～3000倍液，隔7～10天再喷洒1次。采收前1周停止使用。

23）甲氰菊酯：商品名称为灭扫利、解农愁、全垒打、多巴歌等。属拟除虫菊酯类杀虫、杀螨剂，具有触杀、胃毒和驱避作用，无内吸、熏蒸作用。防治谱广，对多种果树害虫、叶螨有良好效果，但不能杀锈壁虱。

在苹果蚜虫与红蜘蛛同时发生期使用该药剂较好，用20%乳油2000～3000倍液喷雾于叶片。

24）辛硫磷：属有机磷类杀虫剂。具有触杀、胃毒作用，对害虫毒杀效果较快。易光解失效，因此叶面喷施时残效期短。但在无光照条件下很稳定，在土壤中的持效期可达2个月，适于防治地下害虫。对鱼、虾有毒，对蜜蜂、赤眼蜂、瓢虫等毒性较高。

防治地下害虫和桃小食心虫，用50%辛硫磷乳油200倍液喷洒树冠下面的土壤，或3%颗粒剂6～8kg/亩撒施，施药后浅锄混匀，效果更好。

⚠️ **注意** 高粱、黄瓜、菜豆和甜菜对辛硫磷敏感，间作这些作物的果园慎用。

25）毒死蜱：商品名称为乐斯本、刹必可、双盈、维奥、农斯利等。属有机磷类杀虫剂。具有触杀、胃毒和熏蒸作用。叶片残留期短，土壤中残留期较长，对地下害虫防治效果好。杀虫谱极广，可以防治多种树上蚜虫、卷叶蛾、潜叶蛾、食心虫、毛虫、介壳虫、螨、金龟子等。

防治桃小食心虫、梨小食心虫、梨网蝽、苹果绵蚜、球坚蚧等，在卵孵化盛期和低龄幼虫期，用48%毒死蜱乳油1000～2000倍液喷雾，果实采收前35天停止使用。防治桃小食心虫和金龟甲类，在害虫出土期，每亩用48%乳油1kg兑水150～200kg，均匀喷洒于地面，药后浅锄。

⚠️ **注意** 毒死蜱对人、畜中等毒性，对鱼类及其他水生动物毒性较高，对蜜蜂有毒。禁止在果树开花期使用本品。使用时避免药液流入湖泊、河流或鱼塘中。清洗喷药器械或弃置废料时，切忌污染水源。

26）吡蚜酮：商品名称为飞电、吡嗪酮。是一种新型高效选择性杀虫剂。具有很强的内吸性，被植物吸收可传导至各个部位。当昆虫吸食到吡蚜酮，该药剂就能立即堵塞其口针，使其饥饿死亡。可用于防治苹果各种蚜虫、螨象、介壳虫等。对哺乳动物、鸟类、鱼虾、蜜蜂、蚕等非靶标节肢动物等安全。

在苹果黄蚜、瘤蚜、绵蚜发生期，用25%吡蚜酮悬浮剂2000～3000倍液均匀喷雾于枝叶。

27）哒螨灵：商品名称为哒螨酮、速螨酮、哒螨净、速克螨、牵牛星、扫螨净、螨斯净等。为广谱、触杀性杀螨剂，对螨卵、幼螨、若螨和成螨都有很好的杀伤效果。速效性好、持效期长，可在害螨大发生期使用。可用于防治多种植物害螨，但对二斑叶螨防效很差。

防治苹果全爪螨、山楂叶螨，于发生初盛期用20%哒螨灵可湿性粉剂2000～3000倍液喷洒叶片正反面。收获前15天停止使用。

⚠️ **注意** 哒螨灵对哺乳动物毒性中等，对鸟类低毒，对鱼、虾和蜜蜂毒性较高。禁止在果树花期使用。

28）炔螨特：商品名称为奥美特、克螨特、踢螨1号、锐螨净、果满园、杀螨特星等。具有触杀和胃毒作用，无内吸和渗透作用，对成螨、若螨有效，杀卵效果差。

防治苹果上的苹果全爪螨、山楂叶螨、二斑叶螨，于夏季发生期用73%炔螨特乳油2000～3000倍液喷雾于叶片正反面。

⚠️ **注意**　该药在温度20℃以上条件下药效可提高，20℃以下随温度降低而效果下降。

29）噻螨酮：商品名称为尼索朗、尼螨朗、卵禁、维保朗。具有强烈的杀卵、杀幼若螨活性，对成螨无效，但接触到药液的雌成虫所产下的卵不能孵化。杀螨速度迟缓，但杀螨谱广，持效期长。

防治苹果全爪螨、山楂叶螨、二斑叶螨，于苹果谢花后7～10天，用5%噻螨酮乳油2000倍液均匀喷洒全树，特别是树冠内膛要喷透。

30）三唑锡：商品名称为倍乐霸、三唑环锡、歼螨丹、螨无踪、扑螨洗、使螨伐等。具有强触杀作用，可杀灭幼若螨、成螨和夏卵，对冬卵无效。杀螨谱广、速效性好、残效期长，可有效防治多种果树害螨。

防治苹果全爪螨、山楂叶螨、二斑叶螨，于发生初期用25%三唑锡超微可湿性粉剂1500～2000倍液均匀喷雾于叶片正反面。苹果采收前14天停止使用。

⚠️ **注意**　三唑锡不能与波尔多液、石硫合剂等碱性农药混用，与波尔多液的间隔时间应超过10天。对人、畜毒性中等，对鱼毒性高，使用时不要污染水源。

31）四螨嗪：商品名称为螨死净、阿波罗、螨杰、红暴、宰螨等。具有触杀作用，对螨卵、幼螨、若螨杀伤力强，对成螨效果差，但能抑制成螨的产卵量和所产卵的孵化率，因此在螨卵初孵期用药效果最佳。速效性差，一般药后2周才能达到最高防效。持效期长，一般可达50～60天。

防治苹果全爪螨、山楂叶螨，于苹果谢花后7～10天用20%四螨嗪悬浮剂 2000 ~ 2500 倍液均匀喷洒全树，特别是树冠内膛要喷透。

⚠️ **注意** 该药剂与噻螨酮有交互抗药性，二者不能交替使用。同一果园，1 年最好使用 1 次。

32）螺螨酯：商品名称为螨危、螨威多。具触杀作用，对幼、若螨效果好，直接杀死成螨效果差，但能抑制雌成螨繁育后代。持效期长，一般控制害螨 40 多天，但药效迟缓，药后 3 ~ 7 天达到较高防效。杀螨谱广，对红蜘蛛、白蜘蛛、锈壁虱、茶黄螨、朱砂叶螨等均有很好防效。低毒、低残留、安全性好。

防治苹果红蜘蛛、白蜘蛛，在发生初盛期用 24% 螺螨酯悬浮剂 5000 ~ 6000 倍液均匀喷雾于叶片正反面。果实采收前 14 天停止使用。

⚠️ **注意** 螺螨酯对蜜蜂有毒，禁止果树花期使用。对水生生物有毒，严禁污染水源。

33）乙螨唑：商品名称为来福禄。主要抑制螨卵的胚胎形成以及幼螨蜕皮，对卵及幼螨有效，对成螨无效。因此其最佳的防治时间是害螨危害初期。耐雨水冲刷，持效期长达 50 天。对环境安全，对有益昆虫及益螨无危害或危害极小。杀螨谱广，对多种害螨有效。

防治苹果上的红蜘蛛、白蜘蛛，在发生初期用 110g/L 乙螨唑悬浮剂 5000 ~ 7000 倍液均匀喷洒叶片正反面。

⚠️ **注意** 乙螨唑不能与波尔多液混用。果树上使用过乙螨唑后，需要间隔 2 周才可喷洒波尔多液；使用波尔多液之后，不可再喷洒乙螨唑。对一些苹果品种有药害，注意先试用后再大面积使用。

34）联苯肼酯：商品名称为爱卡螨。是一种新型杀螨剂，对各螨态有效。速效性好，害螨接触药剂后很快停止取食，48 ~ 72h 内死亡。低毒，对蜜蜂、捕食螨、作物等有益生物安全。

防治苹果上的红蜘蛛、白蜘蛛时，在发生初盛期，用43%联苯肼酯悬浮剂2000~3000倍液均匀喷洒叶片正反面。

35）吡螨胺：商品名称为必螨立克。是一种触杀型杀虫、杀螨剂，对各种螨类和半翅目、同翅目害虫有效。能杀螨卵、幼若螨、成螨，速效性好，持效期长。无内吸性，但有渗透活性。

防治苹果树上的害螨，用10%吡螨胺可湿性粉剂2000~3000倍液喷雾。

36）氟螨嗪：商品名称为氟螨、红酰，是含氟杀螨剂。具有较强的触杀作用和一定的内吸性，对成螨、若螨、幼螨及卵均有效。能抑制幼螨蜕皮，因此对幼螨的触杀性最好，致死速度快。可抑制雌成螨产卵，雌雄成螨死亡比较缓慢，一般在5天时达死亡高峰。杀螨谱广，可防治多种果树害螨。

防治苹果上的害螨，用15%氟螨嗪乳油6000倍液均匀喷洒，持效期可达40天以上。果树花期禁止使用。

37）丁醚脲：商品名称为宝路、杀螨脲、普惠、浪奇、旗舰、鑫博等。是一种新型硫脲类杀虫、杀螨剂。具有触杀、胃毒、内吸和熏蒸作用，在太阳光下转变为具有杀虫活性的物质，故适宜在晴朗天气使用。持效期10~15天。

防治苹果树上的红蜘蛛，宜在发生初期用50%丁醚脲可湿性粉剂2000~3000倍液均匀喷雾，可兼治卷叶蛾、蚜虫。

⚠ **注意**　该药剂对鱼类、蜜蜂高毒，禁止污染水源和果树花期使用。

38）石硫合剂：其主要成分是多硫化钙。具有渗透和侵蚀病菌及害虫表皮蜡质层的能力，喷洒后在植物体表形成一层药膜，保护植物免受病菌侵害，适合在植株发病前或发病初期喷施。防治谱广，不仅能防治多种果树的白粉病、黑星病、炭疽病、腐烂病、流胶病、锈病、黑斑病，对果树红蜘蛛、锈壁虱、介壳虫等也有效。对人、畜中等毒性，对天敌昆虫比较安全。

在苹果休眠期和发芽前，树上喷洒3~5波美度石硫合剂或

45%晶体石硫合剂30倍液，可防治苹果树体上越冬的多种病菌，并且可以防治苹果全爪螨越冬卵。用石硫合剂原液消毒刮皮后的枝干或剪锯口，可防治苹果腐烂病和轮纹病。

39）波尔多液：是一种无机铜素杀菌剂，能抑制病原菌孢子萌发或菌丝生长，防止病菌侵染，具有广谱保护作用，而且病菌不容易对其产生抗药性。对人和畜低毒，是应用历史最长的一种杀菌剂。

防治苹果早期落叶病、炭疽病、轮纹病，可于苹果果实膨大初期或套袋后开始树上喷洒石灰倍量式波尔多液200～240倍液。应与其他杀菌剂交替使用，采果前25天停用。

用作果树伤口保护剂时，配制比例是硫酸铜：石灰：水：动物油＝1：3：15：0.4，先按比例配成波尔多浆，再加入动物油搅拌即成。

40）多抗霉素：商品名称为多氧霉素、宝丽安、多效霉素、多氧清、保利霉素、多氧清2号、宝叶散、斑散、瑞信、宝巧等。属广谱性抗生素类杀菌剂，不仅直接杀菌，还能抑制病菌产孢和病斑扩大。具有较好的内吸性，可被植物根部吸收，向上输送，还能渗透到叶片组织内。

于初花期，树上喷洒1.5%多氧霉素可湿性粉剂200倍液，可防治苹果霉心病。在春梢生长初期用10%可湿性粉剂1000～2000倍液喷洒，可防治苹果斑点落叶病。与波尔多液交替使用，效果更好。于苹果套袋前，用3%多抗霉素可湿性粉剂400倍液喷洒叶片和果实，能有效防治苹果套袋果实黑点病。

41）中生菌素：是一种保护性杀菌剂，具有触杀和渗透作用。主要是抑制菌丝生长和孢子萌发，对果树的真菌性、细菌性病害均有防治效果。广谱、高效、低毒、无污染，对植物安全，可以在苹果花期使用。

防治苹果斑点落叶病、轮纹病、炭疽病、霉心病。自花期开始，用1%中生菌素水剂200～300倍液喷雾，隔7～10天再喷1次，以后可与多菌灵、代森锰锌、波尔多液交替使用。防治苹果套袋果实黑点病，于套袋前和套袋后7天，用3%中生菌素可湿性粉剂600～800倍液各喷洒一次叶片和果实。

42）多菌灵：是一种高效、广谱、内吸性杀菌剂，具有保护和治疗作用，可用于叶面喷雾、种子处理和土壤处理等。能有效防治苹果轮纹病、炭疽病、褐斑病等多种病害。一般于苹果落花后 7 ~ 10 天开始喷药，用 50% 多菌灵可湿性粉剂 600 ~ 800 倍液，每隔 10 ~ 15 天喷 1 次。1 年最多使用 3 次，果实采收前 15 天停止使用。

43）甲基硫菌灵：又名甲基托布津。是一种广谱内吸性杀菌剂，其内吸性比多菌灵强，被植物吸收后即转化为乙基多菌灵。具有预防、治疗作用，防治谱广，能防治多种果树真菌性病害，如苹果轮纹病、炭疽病、斑点落叶病、圆斑根腐病等。在苹果谢花后 7 天左右，用 70% 甲基硫菌灵可湿性粉剂 800 倍液喷雾 1 ~ 2 次，可有效防治多种叶部和果实病害。苹果收获前 14 天停止使用。

防治苹果圆斑根腐病。在苹果树萌芽期和夏季，用 70% 甲基托布津 500 ~ 800 倍液进行两次灌根。即以根颈为中心，挖 3 ~ 5 条放射状深沟，把甲基托布津药液灌入沟中，每株结果树灌 50 ~ 70kg，待药液渗完后覆土盖上。

44）苯醚甲环唑：商品名称为恶醚唑、敌萎丹、世冠、世高、真高。广谱、内吸性杀菌剂，施药后能被植物迅速吸收，药效持久。可防治苹果白粉病、锈病和斑点落叶病。在上述病害发病初期，用 10% 苯醚甲环唑水分散颗粒剂 2500 ~ 3000 倍液喷洒。发病严重时用 1500 ~ 2000 倍液，施药间隔 7 ~ 14 天，连续喷药 2 ~ 3 次。

45）丙环唑：为内吸性杀菌剂，能被植物根、茎、叶吸收，并很快向上传导，具有保护和治疗作用。可用于防治苹果枝干轮纹病，即在苹果树生长和休眠期，用 25% 丙环唑乳油 1000 ~ 1500 倍液直接涂刷枝干，1 个月涂 1 次，连续 2 ~ 3 次，大部分病斑可翘起或脱落。

46）氟硅唑：内吸性杀菌剂，喷药后很快渗入植物组织内，耐雨水冲刷，对病害具有预防和治疗作用。能防治苹果白粉病，在发病初期用 40% 氟硅唑乳油 8000 ~ 10000 倍液喷雾于枝梢，每隔 14 天喷 1 次，连续喷 2 次。

47）戊唑醇：商品名称为富力库、立克秀、菌力克、戊康、戊安等。具有内吸性，用作叶面喷雾，既能杀死叶表面的病菌，也能杀死植物内部的病菌。可有效防治苹果斑点落叶病、白粉病、轮纹病。在发病初期开始喷药，用43%戊唑醇悬浮剂5000~8000倍液，每隔10天喷药1次，果实收获前14天停止使用。

48）己唑醇：该剂具有内吸、保护和治疗活性。杀菌谱广，可有效防治苹果白粉病、锈病、褐斑病、炭疽病等。在病害发生初期，用30%己唑醇悬浮剂7500倍液喷洒树冠。

49）三唑酮：又名粉锈宁，是一种高效、低毒、低残留、内吸性强的杀菌剂。能被植物的各部位吸收，上下传导，对锈病和白粉病具有预防、铲除、治疗作用。

防治苹果白粉病，从发芽期至开花前，用15%三唑酮可湿性粉剂1500倍液喷雾，连喷2次。果实采收前20天停止喷洒。

50）代森锰锌：商品名称为喷克、大生M-45、新万生、美生、络和纯、八保、登科等。是一种保护性杀菌剂。它广谱、高效、低毒，常与内吸性杀菌剂混用，以延缓病菌抗药性的产生。

防治苹果斑点落叶病、轮纹病，于发病前或初期，喷洒70%代森锰锌可湿性粉剂1000倍液，每隔10~15天喷1次，连续喷洒2~3次。

51）代森胺：是一种具有保护和治疗作用的杀菌剂，药液能渗入植物表皮组织。杀菌谱广，对许多植物病原真菌和细菌有效。在苹果树萌芽前，枝干喷洒45%代森胺水剂400倍液，可有效铲除树体上的腐烂病、轮纹病等多种越冬病菌。

52）福美双：是一种有机硫保护性杀菌剂，对果树多种病菌有防治作用。对高等动物中等毒性，对鱼类有毒，对蜜蜂无毒。高剂量对田间老鼠和兔子有一定的驱避作用。

防治苹果黑点病，在发病前或初期，用50%福美双可湿性粉剂600~800倍液均匀喷雾于果实。

53）嘧菌酯：又名阿米西达、安灭达。是一种新型内吸性杀菌剂，能被植物吸收和传导，具有保护、治疗和铲除作用。高效、广谱，对真菌引起的霜霉病、炭疽病、叶斑病、黑星病等有良好防效。

防治苹果黑星病、斑点落叶病，于发病初期，用25%嘧菌酯悬浮剂500~800倍液喷雾。采收前7天停止使用。

54）醚菌酯：又名苯氧菌酯、翠贝。一种高效、广谱、新型杀菌剂。既可阻止叶片、果实表面的病菌侵入，起到预防保护作用，又能穿透碲质层和表皮进入植物组织内，抑制已入侵病菌的生长，达到治疗铲除作用。具有内吸性，耐雨水冲刷，持效期长。杀菌谱广，对苹果白粉病、炭疽病有特效，并且可以防治叶斑病、轮纹病。使用后还有使果树叶片增绿的效果。

防治苹果白粉病、轮纹病，用50%醚菌酯干悬浮剂4000～6000倍液喷雾。一年使用次数不要超过3次。

55）异菌脲：又名扑海因。属保护性杀菌剂，在植物上几乎不能渗透，但能抑制病菌孢子萌发和菌丝生长。杀菌谱广，可有效防治苹果早期斑点落叶病、轮纹病等。

防治苹果斑点落叶病，分别于苹果春梢、秋梢生长期，用50%扑海因悬浮剂或可湿性粉剂1000～1500倍液喷雾。果实收获前7天停止使用。

附　　录

附录 A　苹果病虫害周年防治历

休眠期（12 月 ~ 第二年 2 月）

结合冬季修剪，彻底剪除病虫枝、虫梢，远离果园堆放树枝。摘除病虫僵果，破除害虫越冬虫茧，用封剪油或液状石蜡及时处理剪锯口。刮除枝干上的老粗、翘皮，及时涂抹 25% 丙环唑乳油 200 ~ 500 倍液或石硫合剂；清扫干净果园内的落叶、落果、杂草、小树枝等，集中深埋或填入沼气池，可有效消灭多种越冬病虫，减小第二年病虫来源基数。

2 月下旬，对于发生草履蚧的园片，需要在树干上涂抹粘虫胶粘杀草履蚧若虫。

芽萌动期（3 月）

树上喷洒 3 ~ 5 波美度石硫合剂，消灭枝干上的白粉病、轮纹病、腐烂病越冬菌，以及蚜虫、红蜘蛛的越冬卵，介壳虫的越冬虫体等。

田间刮治腐烂病斑，刮净病皮后涂抹 2.12% 腐殖酸铜水剂 5 倍液。

发芽至开花期（4 月）

发芽后至开花前，树上喷洒高效氯氰菊酯 + 螺螨酯 + 三唑酮，防治蚜虫、蜡象、卷叶蛾、潜叶蛾、红蜘蛛、白粉病、锈病等。结合疏蕾疏花，摘除白粉病叶和梢及卷叶虫苞，带出园外集中深埋。

田间悬挂金纹细蛾、卷叶蛾、梨小食心虫性诱剂，诱杀它们的成虫，以后每月更换一次诱芯。

此时，可释放蚜茧蜂、草蛉、瓢虫等控制蚜虫。

谢花后至幼果期（5 月上旬 ~ 6 月上旬）

连年发生霉心病和花腐病的果园，授粉结束后应及时喷布一次中生菌素 600 ~ 800 倍液。

谢花后一周，树上喷洒氟啶虫胺腈 + 哒螨灵 + 甲基硫菌灵，防治蚜虫、害螨、介壳虫、白粉病、轮纹病、斑点落叶病、霉心病等。

此时，可释放捕食螨、塔六点蓟马等害螨天敌。

套袋前，喷洒一次螺虫乙酯＋43％全络合态代森锰锌悬浮剂＋氨基酸钙400倍混合液，防治介壳虫、蚜虫、害螨、斑点落叶病、炭疽病、轮纹病等。药液干后立即套果袋。

套袋后，喷洒灭幼脲＋多抗霉素＋壳聚糖混合液，防治卷叶蛾、潜叶蛾、白粉病、斑点落叶病、病毒病、缺素症等。

5月中旬，结合浇水地面喷洒昆虫病原线虫或白僵菌液，防治土壤内的桃小食心虫和金龟甲幼虫。

果实膨大期（6月中旬~8月）

苹果套袋后每隔15~20天视病虫发生情况喷一次杀虫杀菌剂，对于营养不良的果树还要喷洒合适的叶面肥，树下追施苹果专用肥料等。此时可以喷洒波尔多液，重点防治炭疽落叶病和灰斑病。

夏季干旱高温，红蜘蛛和二斑叶螨容易猖獗为害，可喷洒阿维菌素或三唑锡、哒螨灵、炔螨特、联苯肼酯等。

苹果绵蚜发生严重的果园，树上喷洒毒死蜱或吡虫啉、啶虫脒、氟啶虫胺腈等。

树干上绑扎宽胶带用于捕捉黑蚱蝉若虫。

此期，对于不套果袋的苹果，应重点防治食心虫和轮纹病。结合田间虫情测报，在桃小食心虫成虫盛发期，树上及时喷洒溴氰菊酯或氯虫苯甲酰胺＋多菌灵液。

果实着色期（9~10月）

套袋果园，除袋后要喷布一次低毒杀菌剂中生菌素、多氧霉素和钙肥，防治果实病害。对于梨小食心虫和苹小卷叶蛾发生严重的果园，应注意喷洒氯虫苯甲酰胺防止它们为害果实。

采果后（11月）

苹果采收后，及时选优质果放入低温气调库，抑制果实轮纹病、炭疽病的发生。

秋季施用农家肥，同时添加适量锌肥、铁肥和钙肥，全面补充树体营养，预防缺素和增强树体抗病性。行间翻土，疏松土壤，破坏在土壤中越冬的害虫的越冬场所，使一些虫体暴露于土表，经风吹日晒和雪冻而死亡。

附录 B　常见计量单位名称与符号对照表

量 的 名 称	单 位 名 称	单 位 符 号
长度	千米	km
	米	m
	厘米	cm
	毫米	mm
面积	公顷	ha
	平方千米（平方公里）	km^2
	平方米	m^2
体积	立方米	m^3
	升	L
	毫升	mL
质量	吨	t
	千克（公斤）	kg
	克	g
	毫克	mg
物质的量	摩尔	mol
时间	小时	h
	分	min
	秒	s
温度	摄氏度	℃
平面角	度	(°)
能量，热量	兆焦	MJ
	千焦	kJ
	焦［耳］	J
功率	瓦［特］	W
	千瓦［特］	kW
电压	伏［特］	V
压力，压强	帕［斯卡］	Pa
电流	安［培］	A

参 考 文 献

［1］楚燕杰. 苹果病虫害诊治原色图谱 ［M］. 北京：科学技术文献出版社，2011.

［2］王源岷，赵魁杰，徐筠，等. 中国落叶果树害虫 ［M］. 北京：知识出版社，1999.

［3］吕佩珂，苏慧兰，庞震，等. 中国现代果树病虫原色图鉴 全彩大全版 ［M］. 北京：化学工业出版社，2013.

［4］孙瑞红，李晓军. 图说樱桃病虫害防治关键技术 ［M］. 北京：中国农业出版社，2012.

［5］邱强. 原色苹果病虫图谱 ［M］. 北京：中国科学技术出版社，2000.

［6］李萍，朱恩林. 中国植保手册 苹果病虫防治分册 ［M］. 北京：中国农业出版社，2006.

［7］陈汉杰，周增强. 苹果病虫防治原色图谱 最新版 ［M］. 郑州：河南科学技术出版社，2012.

［8］王金友，冯明祥. 新编苹果病虫害防治技术 ［M］. 北京：金盾出版社，2004.

［9］谌有光. 新编苹果病虫害诊断与防治 ［M］. 西安：陕西科学技术出版社，2003.

［10］花蕾. 无公害优质苹果生产关键技术 ［M］. 北京：金盾出版社，2002.

［11］刘和生，等. 优质无公害苹果、梨综合管理技术 ［M］. 北京：中国农业科学技术出版社，2003.

［12］王少敏，林香青. 苹果套袋栽培配套技术问答 ［M］. 北京：金盾出版社，2009.

［13］窦连登，汪景彦. 苹果病虫防治第一书 ［M］. 北京：中国农业出版社，2013.

［14］迟斌，高文胜. 苹果有袋栽培关键技术集成 ［M］. 北京：中国农业出版社，2013.

［15］徐映明. 简明农药问答 ［M］. 北京：化学工业出版社，2013.

［16］秦维亮. 苹果病虫害防治手册 ［M］. 北京：中国林业出版社，2012.

［17］徐国良．苹果周年管理关键技术［M］．北京：金盾出版社，2011．

［18］孙瑞红．果园农药安全使用大全［M］．北京：中国农业出版社，2013．

［19］邹彬，杜正一．新编农药安全使用技术指南［M］．石家庄：河北科学技术出版社，2014．

［20］中华人民共和国农业部农药检定所．2014 农药登记产品信息汇编 2014 农药管理信息汇编［M］．北京：中国农业出版社，2014．

［21］宫庆涛，武海斌，张坤鹏，等．氟啶虫胺腈对苹果黄蚜室内毒力测定及田间防治效果［J］．农药，2014，53（10）：759-761．

［22］王芸芸，王玺，蒋建兵，等．山西省苹果树主要病虫害的种类及综合防治［J］．现代园艺，2014（15）：117-118．

［23］何冀英．有关苹果树的病虫害防治和对策［J］．吉林农业，2010（10）：74．

［24］郭春丽．苹果树病虫害的种类与防治［J］．农业与技术，2012（7）：74．

［25］王翠．苹果树主要病害的防治对策与分析［J］．农业与技术，2013（2）：50．

［26］君广斌．绿色苹果病虫害综合防治技术［J］．烟台果树，2014（4）：41-43．

［27］刘宗泉，李梅花，徐秀丽，等．江苏省丰县苹果树病虫发生种类与危害特点［J］．江苏农业科学，2014，42（12）：188-190，444．

［28］李保华，张振芳，董向丽．烟台苹果病虫害花前管理建议［J］．烟台果树，2014（2）：18-20．

［29］李保华，张振芳，董向丽．烟台苹果病虫害谢花后至套袋前管理建议［J］．烟台果树，2014（2）：20-24．

［30］王亚红，吴锋，严攀．苹果全生育期主要病虫害绿色防控集成技术［J］．中国果树，2014（1）：71-74．

［31］孙瑞红，李爱华，武海斌．利用废弃果袋（套）做诱虫带诱防害虫［J］．落叶果树，2011（1）：50．

［32］李保华，王彩霞，董向丽．我国苹果主要病害研究进展与病害防治中的问题［J］．植物保护，2013，39（5）：46-54．

［33］郭云忠，孙广宇，高保卫，等．套袋苹果黑点病病原菌鉴定及其生物学特性研究［J］．西北农业学报，2005（3）：18-21．

[34] 徐秉良，魏志贞，王喜林. 苹果黑点病症状及病原菌鉴定 [J]. 植物保护，2000，26（5）：6-8.

[35] 刘玉升，程家安. 桃小食心虫的研究概况 [J]. 山东农业大学学报，1997，28（2）：207-214.

[36] 仇贵生，张怀江，闫文涛，等. 氯虫苯甲酰胺对苹果树桃小食心虫及金纹细蛾的控制作用 [J]. 昆虫知识，2010，47（1）：134-138.

[37] 蔡明，仇贵生，朴春树，等. 辽宁省果树病虫害疫情发生现状及防控对策建议 [J]. 中国果树，2014（4）：78-81.

[38] 王捷. 几种三氯杀螨醇替代杀螨剂对苹果害螨的防治效果 [J]. 安徽农业科学，2014，42（13）：3887-3888.

[39] 洪晓月，薛晓峰，王进军，等. 作物重要叶螨综合防控技术研究与示范推广 [J]. 应用昆虫学报，2013，50（2）：321-328.

[40] 涂洪涛，张金勇，陈汉杰，等. 应用性信息素缓释剂迷向防治桃树梨小食心虫研究 [J]. 果树学报，2012（2）：286-290.

133

书　目

书　名	定价	书　名	定价
草莓高效栽培	22.80	黄瓜高效栽培	22.80
棚室草莓高效栽培	29.80	番茄高效栽培	25.00
葡萄高效栽培	25.00	大蒜高效栽培	19.80
棚室葡萄高效栽培	25.00	葱高效栽培	25.00
苹果高效栽培	22.80	生姜高效栽培	19.80
甜樱桃高效栽培	25.00	辣椒高效栽培	22.80
棚室大樱桃高效栽培	18.80	棚室黄瓜高效栽培	25.00
棚室桃高效栽培	22.80	棚室番茄高效栽培	25.00
棚室甜瓜高效栽培	25.00	图说番茄病虫害诊断与防治	25.00
棚室西瓜高效栽培	25.00	图说黄瓜病虫害诊断与防治	19.90
果树安全优质生产技术	19.80	棚室蔬菜高效栽培	25.00
图说葡萄病虫害诊断与防治	25.00	图说辣椒病虫害诊断与防治	22.80
图说樱桃病虫害诊断与防治	22.80	图说茄子病虫害诊断与防治	25.00
图说苹果病虫害诊断与防治	25.00	图说玉米病虫害诊断与防治	29.80
图说桃病虫害诊断与防治	25.00	食用菌高效栽培	29.80
枣高效栽培	23.80	平菇类珍稀菌高效栽培	25.00
葡萄优质高效栽培	25.00	耳类珍稀菌高效栽培	26.80
猕猴桃高效栽培	26.80	苦瓜高效栽培（南方本）	19.90
无公害苹果高效栽培与管理	29.80	百合高效栽培	25.00
李杏高效栽培	29.80	图说黄秋葵高效栽培（全彩版）	25.00
砂糖橘高效栽培	29.80	马铃薯高效栽培	22.80
图说桃高效栽培关键技术	25.00	果园无公害科学用药指南	39.80
图说果树整形修剪与栽培管理	49.80	天麻高效栽培	29.80
图解庭院花木修剪	29.80	图说三七高效栽培	35.00
板栗高效栽培	22.80	图说生姜高效栽培（全彩版）	29.80
核桃高效栽培	25.00	图说西瓜甜瓜病虫害诊断与防治	25.00
图说猕猴桃高效栽培（全彩版）	39.80	图说苹果高效栽培（全彩版）	29.80
图说鲜食葡萄栽培与周年管理（全彩版）	39.80	图说葡萄高效栽培（全彩版）	45.00
花生高效栽培	16.80	图说食用菌高效栽培（全彩版）	39.80
茶高效栽培	25.00	图说木耳高效栽培（全彩版）	39.80

详情请扫码

ISBN：978-7-111-55670-1

定价：49.80 元

ISBN：978-7-111-55397-7

定价：29.80 元

ISBN：978-7-111-47444-9

定价：19.80 元

ISBN：978-7-111-59206-8

定价：29.80 元

ISBN：978-7-111-57263-3

定价：39.80 元

ISBN：978-7-111-46958-2

定价：29.80 元

ISBN：978-7-111-56476-8

定价：39.80 元

ISBN：978-7-111-46517-1

定价：25.00 元

ISBN：978-7-111-46518-8

定价：22.80 元

ISBN：978-7-111-52460-1

定价：26.80 元

ISBN：978-7-111-56878-0

定价：25.00 元

ISBN：978-7-111-52107-5

定价：25.00 元

ISBN：978-7-111-47182-0

定价：22.80 元

ISBN：978-7-111-51132-8

定价：29.80 元

ISBN：978-7-111-49856-8

定价：22.80 元

ISBN：978-7-111-59207-5

定价：25.00 元

ISBN：978-7-111-51607-1

定价：23.80 元

ISBN：978-7-111-52935-4

定价：29.80 元

ISBN：978-7-111-56047-0

定价：25.00 元

ISBN：978-7-111-57789-8

定价：39.80 元